Cinema 4D R21
从入门到精通

方国平/编著

U0218249

电子工业出版社
Publishing House of Electronics Industry
北京·BEIJING

内 容 简 介

本书通过大量的实例，详细介绍了 Cinema 4D R21 的各种常用命令和工具的使用方法及行业应用，具体内容包括：认识 Cinema 4D、Cinema 4D 对象操作、生成器与变形器、多边形建模、灯光与摄像机的运用、材质的艺术、环境与渲染、基础动画制作、综合案例和电商海报案例。

在本书的附赠资料中提供了书中实例的场景源文件和素材文件，以及制作实例的教学视频文件。

本书不仅可以作为从事三维动画制作、影视制作、广告设计、电商设计等相关行业人员的自学指导书，也可以作为影视后期培训、电商设计培训职业学校，以及大、中专院校相关专业的教材。

图书在版编目（CIP）数据

Cinema 4D R21 从入门到精通 / 方国平编著. —北京：电子工业出版社，2020.6

ISBN 978-7-121-38966-5

Ⅰ. ①C... Ⅱ. ①方... Ⅲ. ①三维动画软件 Ⅳ.①TP391.414

中国版本图书馆 CIP 数据核字（2020）第 067310 号

责任编辑：孔祥飞　　　　特约编辑：田学清
印　　刷：北京虎彩文化传播有限公司
装　　订：北京虎彩文化传播有限公司
出版发行：电子工业出版社
　　　　　北京市海淀区万寿路 173 信箱　　　邮编：100036
开　　本：787×1092　1/16　印张：23　　字数：574 千字
版　　次：2020 年 6 月第 1 版
印　　次：2025 年 1 月第 9 次印刷
定　　价：89.00 元

凡所购买电子工业出版社图书有缺损问题，请向购买书店调换。若书店售缺，请与本社发行部联系，联系及邮购电话：（010）88254888，88258888。

质量投诉请发邮件至 zlts@phei.com.cn，盗版侵权举报请发邮件至 dbqq@phei.com.cn。

本书咨询联系方式：（010）51260888-819，faq@phei.com.cn。

前　言

Cinema 4D 作为三维制作软件中具有代表性的软件，是当前非常流行的三维建模、影视后期制作软件，被广泛应用于三维动画、室内外建筑效果图、电商设计、影视后期等领域。随着版本的不断升级和第三方插件的日益丰富，Cinema 4D 的功能越来越强大，用途也越来越广泛。

本书内容

本书由浅入深、循序渐进地介绍了 Cinema 4D 的各种常用命令和工具的使用方法及行业应用，从最基础的界面认识到建模和渲染都进行了讲解。全书共 10 章，具体内容包括：认识 Cinema 4D、Cinema 4D 对象操作、生成器与变形器、多边形建模、灯光与摄像机的运用、材质的艺术、环境与渲染、基础动画制作、综合案例和电商海报案例。本书在讲解知识点的同时，以讲解实例运用为主，使读者从实际需求出发，有针对性地学习，在学习基础知识的同时进一步了解针对项目要求进行制作的方法，最终掌握三维设计的相关专业知识和实用技能。

本书特点

本书以实用、够用为原则，将有限的篇幅放在核心技术的讲解上，知识结构完整、层次分明，内容通俗易懂，操作简单，对每个知识点都配以实例，力求做到让读者在应用中真正掌握 Cinema 4D 的使用。相信读者在学完本书后，能够对 Cinema 4D 有一个较为全面的认识，并能够使用 Cinema 4D 进行实际的工作应用。本书具有以下特点。

- **讲解细致，易学易用**：书中从初学者的角度出发，对常用的命令和工具进行详细介绍，方便读者循序渐进地学习。
- **编排科学，结构合理**：书中把重点放在核心技术的讲解上，合理利用篇幅，让读者在有限的时间内学到最实用的技术。
- **内容实用，实例丰富**：书中对常用的命令和工具都给出了详细的操作方法和具体的应用实例，可帮助读者在应用中掌握软件操作。
- **实例性强，效果精美**：书中的实例都是作者根据具体行业应用而精心设计的，并且每个实例都力求做到效果逼真。
- **视频教学，学习高效**：书中针对复杂和重点的实例提供了教学视频，可帮助读者解决学习中遇到的问题，并拓展技术。

关于附赠资料

- 附赠书中实例的场景源文件和素材文件。
- 附赠制作实例的教学视频文件。

读者对象

- 三维动画爱好者。
- 大、中专院校动漫游戏、电商设计、建筑设计、室内设计和影视制作等相关专业的师生。
- 三维动画制作、广告设计、影视包装与片头制作、电商设计、室内设计及其相关行业的从业人员。

读者服务

微信扫码回复：**38966**

- 获取博文视点学院 20 元付费内容抵扣券
- 获取本书配套的素材、源文件
- 获取作者精心制作的教学视频
- 获取精选书单推荐

目　　录

第 1 章　认识 Cinema 4D

Cinema 4D 是目前世界上十分流行的三维制作软件，从影视动画到电商设计等各个领域都可以见到它的身影。正因为它广泛流行，越来越多的电商设计爱好者加入学习 Cinema 4D 的行列。本章将带领读者走进三维制作的世界，让读者了解 Cinema 4D 是一款怎样的软件，它可以应用在哪些领域。

1.1　Cinema 4D 概述

Cinema 4D 是德国 Maxon 公司研发的引以为傲的代表作，是一款三维制作软件。它的字面意思是 4D 电影，不过其自身是综合型的高级三维制作软件。它以高速图形计算速度著称，并有着令人惊奇的渲染器和粒子系统。正如它的名字一样，用其描绘的各类影视作品都有着很强的表现力。因为其渲染器在不影响速度的前提下使图像品质有了很大的改善，所以 Cinema 4D 在 CG（Computer Graphics）行业中发挥着非常重要的作用。

Cinema 4D 是广大希望快速、省心地制作出令人屏息以待作品的 3D 艺术家的优选工具包。初学者和经验丰富的专业人士可以利用 Cinema 4D 全面的工具和功能快速实现惊人的效果。Cinema 4D 出色的稳定性也是快节奏 3D 生产线上出色的应用程序，而且具有一系列面向各类艺术家的版本，并且其价格也很有吸引力。

1.2　Cinema 4D 在各领域中的应用

与其他三维制作软件（如 Maya、3ds Max 等）一样，Cinema 4D 具备高端三维制作软件的所有功能。不同的是，在研发过程中，Cinema 4D 的工程师更加注重工作流程的流畅性、舒适性、合理性、易用性和高效性。

无论是拍摄电影、电视节目包装、游戏开发、医学成像、工业和建筑设计、视频设计，还是电商设计，Cinema 4D 力求以其丰富的工具包为使用者带来比其他三维制作软件更多的帮助和更高的效率。几乎所有的视频设计师和电商设计师都在使用 Cinema 4D 来进行表现。图 1-1 所示为 Cinema 4D 所表现的卡通模型。

图 1-1

Cinema 4D 是 Maxon 提供给专业 3D 艺术家的优秀工具。Cinema 4D 直观易懂的操作与逻辑性界面使初学者能够很容易地找对地方和控制软件。即使专业用户也对 Cinema 4D 的易用性赞不绝口。图 1-2 所示为 Cinema 4D 的工作界面。

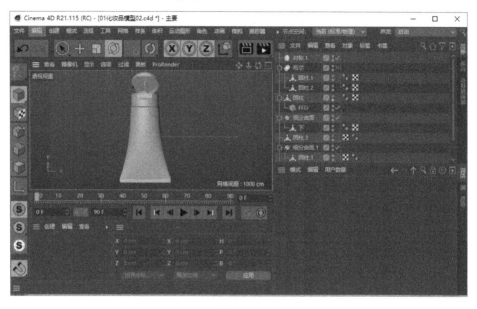

图 1-2

1.3 Cinema 4D 的工作流程

Cinema 4D 作为一款综合性的三维制作软件，包含了有关三维制作的各个环节，包括模型、材质、灯光、特效、动画、渲染等，而基本上所有的三维制作都需要经过这些环节。

1. 模型

建模是所有三维制作的第一个环节。在三维场景中需要表现的内容都要靠模型来体现，因此，模型的精确与否会直接影响到最终的表现效果。获取模型的方法有很多，既可以通过 Cinema 4D 提供的丰富的建模工具来创建模型，也可以直接导入外部所收集的模型素材。图 1-3 所示为一套室外表现的模型。

图 1-3

2．材质

虽然模型能够表现物体的外观，但是并不能表现物体的表面特征。创建模型后的下一个环节就是给模型添加材质。材质能够表现物体的表面特征，比如，是木制的还是金属的。图 1-4 所示为表现的金属材质效果。

图 1-4

3．灯光

因为有灯光的存在，所以我们的世界才会变得丰富多彩。Cinema 4D 提供了种类丰富的灯光效果。灯光可以照亮场景，使场景中的对象产生阴影。只有给场景添加了灯光，我们所要表现的效果才会更加真实。

标准的基于参数化的灯光可以使用户方便地控制灯光的属性；而光度学灯光则依据真实世界灯光的特性，以热量为单位来控制灯光的亮度。利用灯光可以将同一个场景表现为白天或黑夜。图 1-5 所示为室内人造光的效果。

图 1-5

4．特效

为了使场景的效果变得更具有视觉冲击力，Cinema 4D 提供了多种特效，如体积光、火焰、光晕等。特效可以丰富场景画面，增强场景的表现力。图 1-6 所示为粒子特效的表现效果。

图 1-6

5．动画

如果要制作一幅静态画面，那么，在设置了灯光及特效后就可以进行渲染了；而如果要制作一部三维动画片，那么还需要进行动画的制作。Cinema 4D 提供了种类丰富的动画制作工具，从简单的关键帧动画到专业的动力学模拟，Cinema 4D 都能实现。图 1-7 所示为动画效果。

图 1-7

6．渲染

三维制作的最后一步就是对场景进行渲染输出。只有对场景进行了渲染，才能将材质、灯光及特效表现出来。第三方渲染插件 OC 能够使场景表现出影视级别的渲染效果，如图 1-8 所示。

图 1-8

1.4　软件界面介绍

当启动 Cinema 4D R21 后，显示的主界面是用户界面，掌握用户界面上的每个选项、菜单命令是学习 Cinema 4D R21 的基础。只有熟悉用户界面，才可以制作复杂的模型。下面就来认识一下 Cinema 4D R21 的用户界面。打开 Cinema 4D R21，首先出现的是启动界面，如图 1-9 所示。

图 1-9

Cinema 4D 的用户界面由标题栏、菜单栏、工具栏、编辑模式工具栏、视图窗口、时间轴面板、"材质"面板、坐标系统、"对象"/"场次"/"内容浏览器"面板、"属性"/"层"面板和提示栏共 11 个区域组成，如图 1-10 所示。

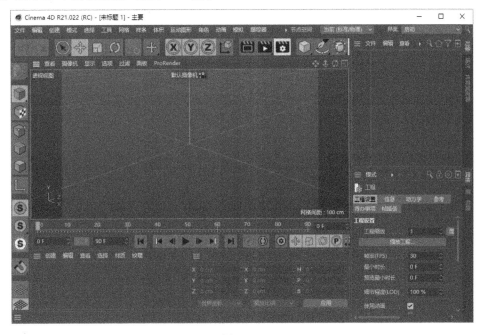

图 1-10

1.4.1　标题栏

Cinema 4D 的标题栏位于用户界面顶端，包含软件版本信息和当前编辑的文件信息，如图 1-11 所示。

Cinema 4D R21.022 (RC) - [未标题 1] - 主要

图 1-11

1.4.2　菜单栏

Cinema 4D 的菜单栏与其他软件的菜单栏相比有些不同，按照类型可以分为主菜单和窗口菜单。其中，主菜单位于标题栏下方，绝大部分工具都可以在这里找到；窗口菜单是视图菜单和各区域窗口菜单的统称，分别用于管理各自所属的窗口命令。

1. 主菜单

主菜单包含 Cinema 4D 的大部分命令，如图 1-12 所示。

文件 编辑 创建 模式 选择 工具 网格 样条 体积 运动图形 角色 动画 模拟 跟踪器 渲染 扩展 窗口 帮助

图 1-12

主要菜单介绍如下。

"文件"菜单：通过"文件"菜单可以对场景文件进行新建、保存等。

"编辑"菜单：通过"编辑"菜单可以对场景进行撤销、重做、复制、粘贴、全部选择、取消选择等操作。

"创建"菜单：通过"创建"菜单可以创建 Cinema 4D 的大部分对象，如对象、样条线、生成器、变形器、材质、灯光、摄像机等。

"模式"菜单：通过"模式"菜单可以对模型进行捕捉，可以在"模型""点""边""多边形"等模式之间进行切换。

"选择"菜单：通过"选择"菜单可以控制选择对象的方式，主要包括"选择过滤"、"实时选择"、"框选"、"循环选择"和"反选"等方式。

"工具"菜单：通过"工具"菜单可以对模型进行移动、旋转和缩放等。

"网格"菜单：通过"网格"菜单可以进行对象转换、样条修改和轴心修改等。

"样条"菜单：通过"样条"菜单可以进行样条线的绘制和编辑。

"体积"菜单：通过"体积"菜单可以进行体积生产。

"运动图形"菜单：通过"运动图形"菜单可以使用克隆、分裂和效果器命令。

"角色"菜单：通过"角色"菜单可以创建骨骼、关节等。

"动画"菜单：通过"动画"菜单可以设置创建动画时的命令，如记录、自动关键帧等。

"模拟"菜单：通过"模拟"菜单可以创建粒子、动力学和毛发等。

"跟踪器"菜单：通过"跟踪器"菜单可以创建一些特殊的效果。

"渲染"菜单："渲染"菜单提供了渲染的各种工具和渲染设置命令。

2. 子菜单

在 Cinema 4D 的菜单中，如果在菜单后带有 ▶ 按钮，则表示该菜单拥有子菜单，如图 1-13 所示。

图 1-13

1.4.3　工具栏

Cinema 4D 的工具栏位于菜单栏下方，包含部分常用工具，使用这些工具可以创建和编辑模型对象，如图 1-14 所示。

图 1-14

工具栏中的工具可分为独立工具和图标工具组。图标工具组按类型将功能相似的工具集合在一个图标下，长按图标按钮即可显示图标工具组。图标工具组的显著特征为图标右下角带有小三角。

1. 撤销和重做

为完全撤销和完全重做按钮，可撤销上一步操作和重做撤销的上一步操作，属于常用工具。快捷键分别是 Ctrl+Z 和 Ctrl+Y，也可执行"编辑"→"撤销"/"重做"命令。

2. 选择工具组

为选择工具组，是用于选择对象的工具，包括"实时选择"、"框选"、"套索选择"和"多边形选择"工具，如图 1-15 所示。

图 1-15

技巧与提示：

实时选择：选中圆形光标类型，快捷键为数字"9"。

框选：用光标绘制矩形框，选择一个或多个对象，快捷键为数字"0"。

套索选择：使用套索方式选择一个或多个对象，快捷键为数字"8"。

多边形选择：使用多边形选择方式选择一个或多个对象。

3．对象操作工具

为对象操作工具。

为移动工具，快捷键为 E。

为缩放工具，快捷键为 T。

为旋转工具，快捷键为 R。

也可在"工具"菜单下，选择"移动""缩放""旋转"命令进行操作。

为复位 PSR 工具，单击该按钮可以使模型复位到原始位置。

4．坐标类工具

为坐标类工具，是用于锁定/解锁 x、y、z 轴的工具，默认处于激活状态。如果单击关闭某个轴向的按钮，那么针对该轴的操作无效（只针对在视图窗口的空白区域进行拖曳）。

为全局/对象坐标系统工具，单击可切换全局坐标系统和对象坐标系统。

5．渲染类工具

为渲染类工具。

用于渲染当前活动视图，单击该按钮将对场景进行整体预渲染。

用于渲染图片场景到图片查看器，长按该按钮将显示渲染工具菜单。

用于编辑渲染设置，单击该按钮将打开"渲染设置"对话框进行渲染参数的设置，如图 1-16 所示。

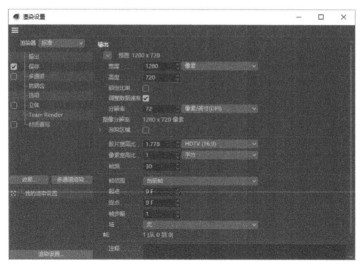

图 1-16

1.4.4 编辑模式工具栏

Cinema 4D的编辑模式工具栏位于界面的最左端，可以在这里切换不同的编辑工具，如图1-17所示。

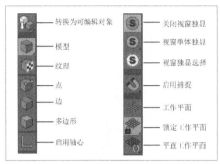

图 1-17

1．转换为可编辑对象

单击"转换为可编辑对象"按钮，可以将基本模型对象转换为可编辑的多边形对象，转换后即可对模型的点、边、面进行操作。快捷键为C。

2．模型

单击"模型"按钮，可以将选择的对象转换为模型状态。

3．纹理

单击"纹理"按钮，可给选中的对象添加"纹理"标签，用于调整贴图的纹理坐标。

4．点

单击"点"按钮，模型进入点层级编辑模式。

5．边

单击"边"按钮，模型进入边层级编辑模式。

6．多边形

单击"多边形"按钮，模型进入多边形编辑模式。

7．启用轴心

单击"启用轴心"按钮，可以修改对象的轴心位置，再次单击后退出该模式。

8．关闭视窗独显

单击"关闭视窗独显"按钮，起到独显关闭作用，配合"启用视窗独显"按钮使用。

9．视窗单体独显

在视图窗口中，选择一个模型，单击"视窗单体独显"按钮，将单独显示这个模型，其他模型将被隐藏。

10．视窗独显选择

"视窗独显选择"按钮和"视窗单体独显"按钮结合使用，可以用于动态切换模型显示。

11．启用捕捉

单击"启用捕捉"按钮，开启捕捉模式。快捷键为 Shift+S。长按该按钮会弹出下拉菜单，可以选择各种捕捉模式，如图 1-18 所示。

图 1-18

12．工作平面

"工作平面""锁定工作平面""平直工作平面"3 个按钮主要针对工作平面进行调整。在一般情况下，不需要对工作平面进行调整。

1.4.5　视图窗口

视图窗口是编辑与观察模型的主要区域，默认显示的是透视视图，单击鼠标中键可切换不同的视图布局，如图 1-19 所示。

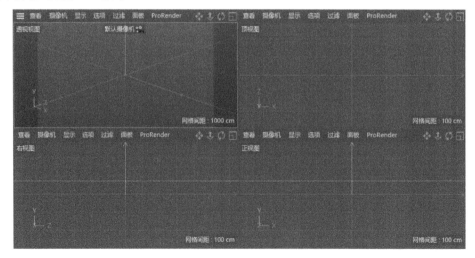

图 1-19

1. 视图窗口控制工具

在三维制作软件中，主要包括"右视图""顶视图""正视图""透视视图"4 种视图模式。

在 Cinema 4D 的视图窗口中，可以从单视图切换显示 4 种视图窗口，每个视图窗口都有自己的显示设置，左边为菜单栏，包括"查看""摄像机""显示""选项""过滤""面板"等菜单；右边为视图的操作按钮，可以通过这些按钮对视图进行控制，如图 1-20 所示。

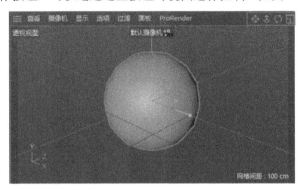

图 1-20

1）平移视图

单击"平移"按钮■，可以对视图进行平移；也可以按住数字键"1"，拖曳视图进行平移；还可以按住 Alt 键，再按住鼠标中键进行拖曳平移。

2）推拉视图

单击"推拉"按钮■，可以对视图进行推拉；也可以按住数字键"2"，拖曳视图进行推拉；还可以按住 Alt 键，再按住鼠标右键进行拖曳推拉。

3）旋转视图

单击"旋转"按钮■，可以对视图进行旋转；也可以按住数字键"3"，拖曳视图进行旋转；还可以按住 Alt 键，再按住鼠标左键进行拖曳旋转。

4）切换视图

在想要切换的视图上单击■按钮进行视图切换；或者将鼠标指针放在想要切换的视图上，单击鼠标中键进行切换。

技巧与提示：

视图控制常用的操作方法如下。

- 旋转视图：Alt+鼠标左键。
- 平移视图：Alt +鼠标中键。
- 推拉视图：Alt+鼠标右键。
- 单击鼠标中键会从默认的透视视图切换为四视图。

2. 视图窗口布局

在 Cinema 4D 中，默认用户界面显示的是透视视图窗口，单击鼠标中键可以切换为四视图窗口。视图窗口的布局和大小并不是一成不变的，用户可以根据实际需要调整单个视图窗口的大小、位置和更换预制的布局方式。选择"面板"→"排列布局"命令，在弹出的级联菜单中可以选择所需的视图窗口布局，如图 1-21 所示。

图 1-21

3．改变视图窗口的显示方式

在默认状态下，视图窗口显示为"光影着色"模式。可在"显示"菜单下将视图窗口的显示方式更换为"光影着色（线条）""快速着色""快速着色（线条）"等，如图 1-22 所示。

图 1-22

4．改变视图窗口的背景

Cinema 4D 允许用户对顶视图、右视图和正视图的背景进行设置，在这里对正视图的背景进行设置。选择正视图，打开"属性"面板，选择"模式"→"视图设置"命令，切换到"背景"选项卡，如图 1-23 所示。

单击"图像"右侧的设置按钮，选择一张图片，就可以自定义图片作为视图窗口的背景。

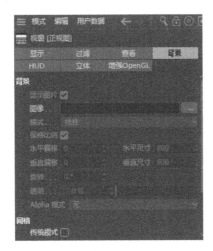

图 1-23

1.4.6　时间轴面板

Cinema 4D 的时间轴面板位于视图窗口下方，包含时间线和动画编辑工具，如图 1-24 所示。

图 1-24

1.4.7　"材质"面板

Cinema 4D 的"材质"面板位于时间轴面板下方，用于创建、编辑和管理材质。在"材质"面板上双击即可创建材质球，如图 1-25 所示。

图 1-25

1.4.8　坐标系统

Cinema 4D 的坐标系统位于"材质"面板右方，是该软件独具特色的窗口之一，用于控制和编辑所选对象层级的常用参数，如图 1-26 所示。

图 1-26

1.4.9 　"对象"/"场次"/"内容浏览器"面板

Cinema 4D 的"对象"/"场次"/"内容浏览器"面板位于界面右上方。其中，"对象"面板用于显示和编辑管理场景中的所有对象及其标签，"场次"面板用于管理场景的参数，"内容浏览器"面板用于管理和浏览各类文件。

1．"对象"面板

"对象"面板中的"文件"菜单主要包括"合并对象"和"导出对象"命令；"编辑"菜单主要用于对对象进行复制、粘贴和删除，以及选择和反选等；"对象"菜单主要用于对对象设置群组，以及设置隐藏和显示。

"对象"面板用于管理场景中的对象，这些对象呈树形层级结构显示。如果要编辑某个对象，则可以在场景中直接选择该对象，也可以在"对象"面板中进行选择（建议使用此种方式），选中的对象名称呈高亮显示。

"对象"面板可以分为 4 个区域，分别是菜单区、对象列表区、隐藏/显示区和标签区，如图 1-27 所示。

图 1-27

2．"场次"面板

"场次"面板可以保存各个场景的属性参数，而且这些过程是非破坏性的。所以，当需要频繁切换场景的时候使用这个面板，可以省去很多重复的操作。"场次"面板如图 1-28 所示。

图 1-28

3．"内容浏览器"面板

"内容浏览器"面板可以帮助用户管理场景、图像、材质、程序着色器和预置档案等，也可以添加和编辑各类文件，在预置中可以加载有关模型、材质等的文件，直接拖曳文件到场景中使用即可，如图 1-29 所示。

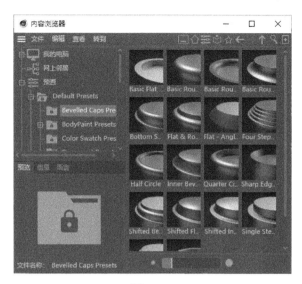

图 1-29

1.4.10　"属性"/"层"面板

Cinema 4D 的"属性"/"层"面板位于界面右下方。"属性"面板是非常重要的面板之一，其中包含了所选对象的所有属性参数，这些属性参数都可以在这里进行编辑。

在"属性"面板中包括"模式"、"编辑"和"用户数据"菜单。其中，"模式"菜单主要用于进行工程设置、视图设置、渲染设置、工具设置等。

"属性"面板菜单右端的快捷按钮是按照单击顺序切换上一个或下一个对象使用工具的属性按钮，如图 1-30 所示。

"层"面板用于管理场景中的多个对象，如图 1-31 所示。

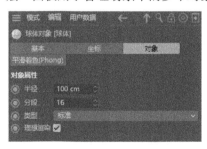

图 1-30

图 1-31

1.4.11　提示栏

Cinema 4D 的提示栏位于界面最下方，用于显示工具的使用方法、工具提示信息、错误警告信息，如图 1-32 所示。

移动：点击并拖动鼠标移动元素；按住 SHIFT 键量化移动；节点编辑模式时按住 SHIFT 键增加选择对象；按住 CTRL 键减少选择对象。

图 1-32

1.4.12 界面布局

主菜单右侧的"界面"选项可以控制界面布局。其中，"启动"为默认布局方式，还包括 Animate、BP-3D Paint、BP-UV Edit、Model、Standard 等多种布局方式，单击相应的布局方式即可进行切换，如图 1-33 所示。

图 1-33

 1.5 设置自动保存

可以通过"设置"对话框设置软件的界面颜色和字体等特性。

在主菜单中选择"编辑"→"设置"命令，弹出"设置"对话框，在"用户界面"选项界面中可以设置软件语言、软件界面颜色、字体、高亮特性等参数，如图 1-34 所示。

图 1-34

单击"文件"选项，可以设置"自动保存"，在这里勾选"保存"复选框，可以设置保存至"工程目录"或某个文件夹，如图 1-35 所示。

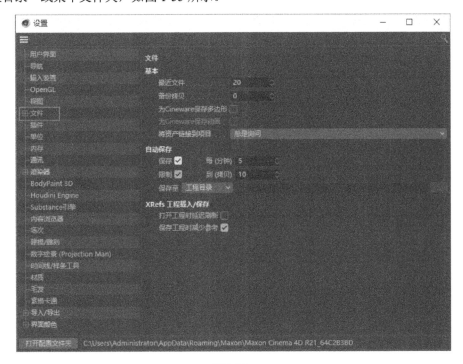

图 1-35

如果需要恢复默认设置，则只需单击"设置"对话框下方的"打开配置文件夹"按钮，在弹出的对话框中删除所有文件，关闭软件后重启即可。

1.6　设置背景图片

在制作模型时，可以在视图窗口中加载背景图片作为参考。

在"属性"面板中选择"模式"→"视图设置"命令，或者按 Alt+V 组合键，在打开的界面中选择"背景"选项卡，就可以在视图窗口中加载背景图片，如图 1-36 所示。

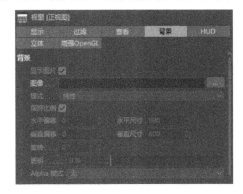

图 1-36

图像：加载背景图片的通道。

保持比例：勾选该复选框后，在调整图片时会按照原有比例进行放大或缩小。

水平偏移/垂直偏移：左右或上下移动图片的位置。

旋转：用于设置旋转图片的角度。

透明：用于设置背景图片的透明度。在参考图片进行建模时，可以降低背景图片的透明度，以方便用户建模。

选择"正视图"，单击"图像"后面的设置按钮，选择图片，这样正视图背景就载入了图片，如图 1-37 所示。

图 1-37

技巧与提示：

"背景"选项卡只有在二维视图中才会被激活，如正视图、顶视图和右视图等。在透视视图中，"背景"选项卡处于非激活状态，不能加载背景图片。

第 2 章 Cinema 4D 对象操作

通过本章的讲解，读者将了解使用 Cinema 4D 创建参数对象和样条的操作。

通过"创建"菜单可以创建 Cinema 4D 对象。"创建"菜单如图 2-1 所示。

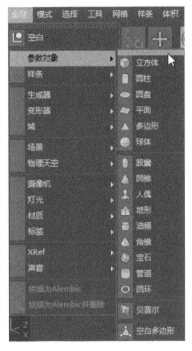

图 2-1

"创建"菜单中的主要命令如下。

- 参数对象：用于创建系统自带的参数化几何体。
- 样条：用于创建系统自带的样条图案和样条编辑工具。
- 生成器：用于创建系统自带的生成器，编辑样条和对象造型。
- 变形器：用于创建系统自带的变形工具，编辑对象造型。
- 场景：用于创建系统自带的场景工具，提供了背景、天空和地面等工具。
- 物理天空：用于创建模拟真实天空效果的天空模型。
- 摄像机：用于创建系统自带的摄像机。
- 灯光：用于创建系统自带的灯光。
- 材质：用于创建系统自带的材质。
- 标签：用于创建对象的标签属性。

本章主要讲解其中的"参数对象"和"样条"命令。

2.1 参数对象

在日常工作中，通过菜单栏寻找命令会影响工作效率。可以在工具栏中长按  按钮，打开创建参数化几何体工具栏，选择对应的几何体，即可创建几何体，如图 2-2 所示。

图 2-2

1. 立方体

立方体是建模中常用的几何体。选择"创建"→"参数对象"→"立方体"命令，即可创建一个立方体对象。此时，在"属性"面板中会显示该立方体的参数设置，展开"对象"选项卡，如图 2-3 所示。

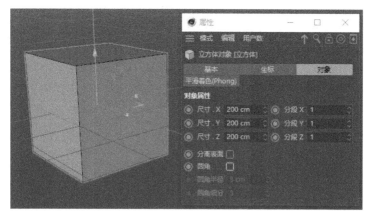

图 2-3

参数说明如下。

- 尺寸.X/尺寸.Y/尺寸.Z：默认创建边长为 200cm 的正方体。可以通过这 3 个参数改变立方体的长、宽、高。
- 分段 X/分段 Y/分段 Z：用于增加立方体的分段数。
- 分离表面：勾选该复选框后，按 C 键，即可转换参数对象为可编辑的多边形对象，此时立方体被分离为 6 个平面。
- 圆角：勾选该复选框后，即可直接对立方体进行倒角，可以通过"圆角半径"和"圆角细分"选项设置倒角的大小和圆滑程度，如图 2-4 所示。

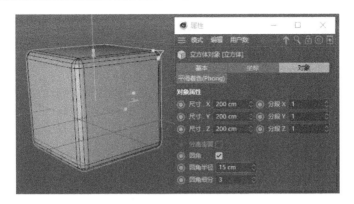

图 2-4

2．圆锥

圆锥和圆柱的形状接近，可以通过修改圆锥的属性得到圆柱的形状。选择"创建"→"参数对象"→"圆锥"命令，即可创建一个圆锥对象，展开"对象"选项卡，如图 2-5 所示。

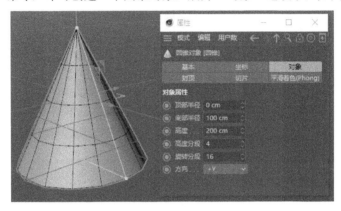

图 2-5

参数说明如下。

- 顶部半径/底部半径：用于设置圆锥顶部和底部的半径。如果这两个值相同，就会得到一个圆柱对象，如图 2-6 所示。

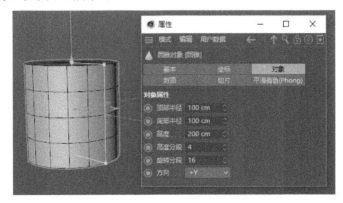

图 2-6

- 高度：用于设置圆锥的高度。
- 高度分段/旋转分段：用于设置圆锥在高度和维度上的分段数。
- 方向：用于设置圆锥的方向。

切换到"封顶"选项卡，在其中可以设置封顶分段、顶部和底部的圆角大小，如图 2-7 所示。

图 2-7

参数说明如下。

- 封顶/封顶分段：勾选"封顶"复选框后，即可对圆锥进行封顶，可以通过"封顶分段"
  参数对封顶后顶面的分段数进行调节，使顶部产生圆角效果，如图 2-8 所示。

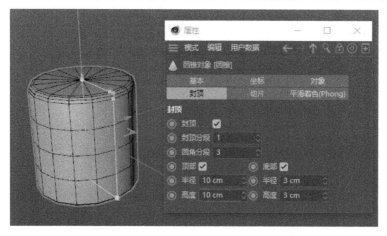

图 2-8

- 圆角分段：用于设置封顶后圆角的分段数。
- 顶部/底部：用于设置顶部和底部的圆角大小。

3. 圆柱

圆柱工具可以用来制作圆柱类模型。选择"创建"→"参数对象"→"圆柱"命令，即可创建一个圆柱对象。圆柱的参数调整和圆锥的参数调整基本相同。可以设置圆柱的半径和高度，如图 2-9 所示。

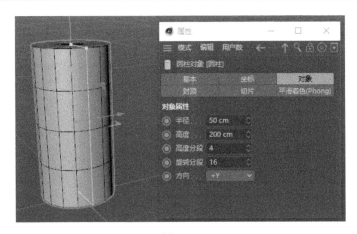

图 2-9

4．圆盘

圆盘相当于圆柱的顶面，可以通过圆盘工具来制作圆柱类模型。选择"创建"→"参数对象"→"圆盘"命令，即可创建一个圆盘对象，展开"对象"选项卡，如图 2-10 所示。

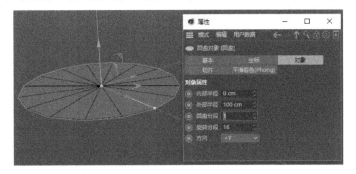

图 2-10

内部半径/外部半径：系统默认创建一个圆形平面。通过调节内部半径，可使圆盘变为一个环形平面；通过调节外部半径，可使圆盘的外边缘扩大，如图 2-11 所示。

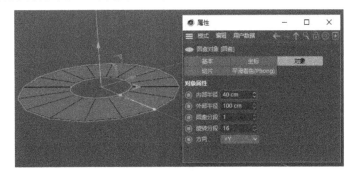

图 2-11

5．平面

平面工具可以用来制作地面或墙面。选择"创建"→"参数对象"→"平面"命令，即可创建一个平面，展开"对象"选项卡，如图 2-12 所示。

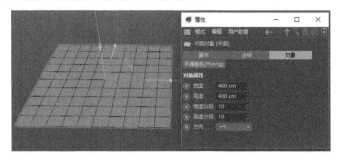

图 2-12

可以设置对象的宽度和高度，以及对象宽度和高度的分段数。

6．多边形

多边形工具可以用来制作地面。选择"创建"→"参数对象"→"多边形"命令，即可创建一个多边形对象，展开"对象"选项卡，如图 2-13 所示。

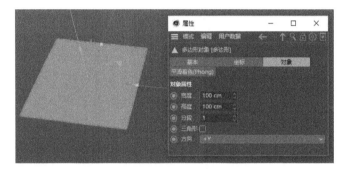

图 2-13

勾选"三角形"复选框后，多边形将转换为三角形。

7．球体

球体是球体类的基础模型，可以用来制作篮球、排球等。选择"创建"→"参数对象"→"球体"命令，即可创建一个球体对象，展开"对象"选项卡，如图 2-14 所示。

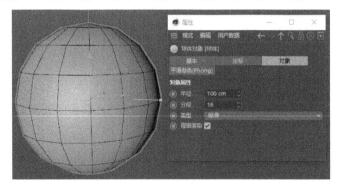

图 2-14

参数说明如下。

- 半径：用于设置球体的半径。
- 分段：用于设置球体的分段数，控制球体的光滑程度。
- 类型：球体分为 6 种类型，分别为标准、四面体、六面体、八面体、二十面体和半球体，如图 2-15 所示。

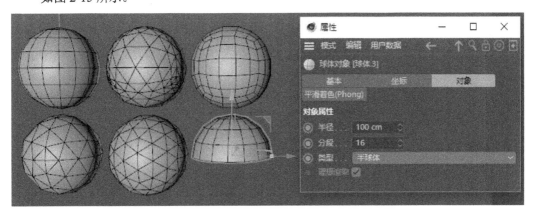

图 2-15

8．圆环

圆环工具可以用来制作游泳圈或管状的模型。选择"创建"→"参数对象"→"圆环"命令，即可创建一个圆环对象，展开"对象"选项卡，如图 2-16 所示。

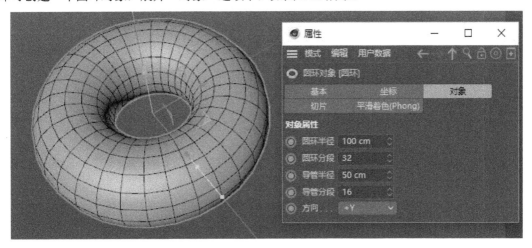

图 2-16

参数说明如下。

- 圆环半径/圆环分段：圆环是由环形和导管两条圆形曲线组成的，圆环半径用于控制圆形曲线的半径，圆环分段用于控制圆环的分段数。
- 导管半径/导管分段：用于设置导管的半径和分段数，如图 2-17 所示。

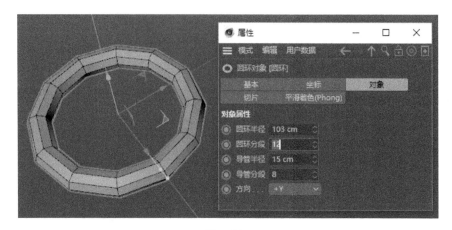

图 2-17

9. 胶囊

胶囊是顶部和底部均为半球状的圆柱。选择"创建"→"参数对象"→"胶囊"命令，即可创建一个胶囊对象，展开"对象"选项卡，如图 2-18 所示。

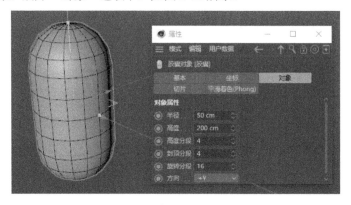

图 2-18

10. 油桶

油桶与圆柱的形状相似。选择"创建"→"参数对象"→"油桶"命令，即可创建一个油桶对象，展开"对象"选项卡，如图 2-19 所示。

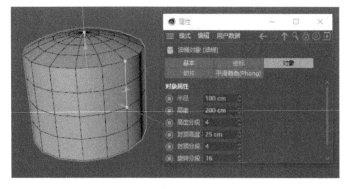

图 2-19

当"封顶高度"设置为 0cm 时，油桶就变成了圆柱。

11．管道

管道和圆盘的形状相似，当熟悉多边形建模后，可以通过圆盘来制作管道。选择"创建"→"参数对象"→"管道"命令，即可创建一个管道对象，展开"对象"选项卡，如图 2-20 所示。

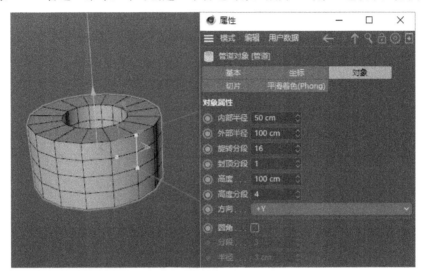

图 2-20

勾选"圆角"复选框后，将对管道边缘部分进行倒角处理。

12．角锥

选择"创建"→"参数对象"→"角锥"命令，即可创建一个角锥对象，展开"对象"选项卡，如图 2-21 所示。

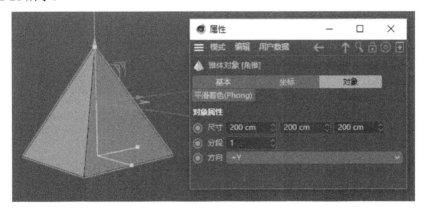

图 2-21

13．宝石

宝石类似于不规则的球体，可以用来制作足球。选择"创建"→"参数对象"→"宝石"命令，即可创建一个宝石对象，展开"对象"选项卡，如图 2-22 所示。

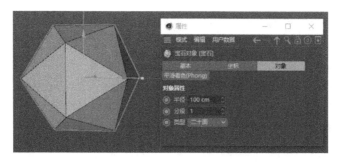

图 2-22

参数说明如下。

- 分段：用于增加宝石的细分数。
- 类型：在 Cinema 4D 中提供了 6 种类型的宝石，分别为"四面""六面""八面""十二面""二十面""碳原子"，如图 2-23 所示。

图 2-23

14．人偶

选择"创建"→"参数对象"→"人偶"命令，即可创建一个人偶对象，展开"对象"选项卡，如图 2-24 所示。

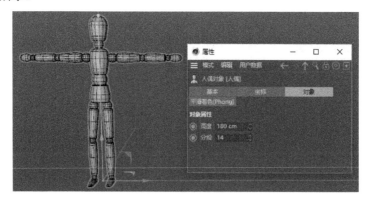

图 2-24

对象属性包括高度和分段，用于调整人偶的比例。

15．地形

地形工具可以用于创建山脉。选择"创建"→"参数对象"→"地形"命令，即可创建一个地形对象，展开"对象"选项卡，如图 2-25 所示。

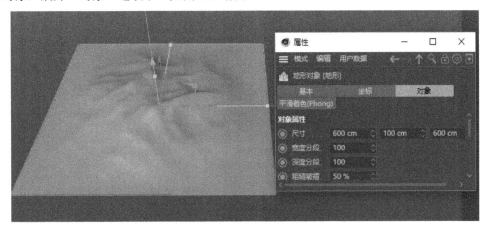

图 2-25

参数说明如下。

- 宽度分段/深度分段：用于设置地形宽度与深度的分段数，值越大，模型越精细。
- 粗糙褶皱/精细褶皱：用于设置地形褶皱的粗糙和精细程度。
- 缩放：用于设置地形褶皱的缩放大小。
- 海平面：用于设置海平面的高度，值越大，海平面越低。
- 地平面：用于设置地平面的高度，值越小，地形越高，顶部也会越平坦。
- 多重不规则：用于产生不同的形态。
- 随机：用于产生随机的效果。
- 限于海平面：取消勾选该复选框后，地形与海平面的过渡将显得不自然。
- 球状：勾选该复选框后，可以形成一个球状结构。

2.2　样条

样条是指通过绘制的点生成曲线，然后通过这些点来控制曲线。样条结合其他命令可以生成三维模型，这是一种基本的建模方法。

Cinema 4D 提供了一些设置好的样条，如圆环、矩形、星形等。

创建样条有两种方法。

方法一：长按 按钮，打开创建样条工具栏，选择相应的样条，即可创建样条，如图 2-26 所示。

方法二：在主菜单中选择"创建"→"样条"命令，在弹出的级联菜单中选择相应的样条，即可创建样条，如图 2-27 所示。

图 2-26

图 2-27

1. 绘制样条

Cinema 4D 提供了 4 种可以自由绘制样条的工具，分别为"样条画笔""草绘""平滑样条""样条弧线工具"，如图 2-28 所示。

图 2-28

1) 样条画笔

样条画笔是工作中常用的曲线绘制工具之一，在视图窗口中单击一次即可绘制一个控制点。当绘制两个或两个以上的控制点时，系统会自动在两点之间生成贝塞尔曲线。

如果在绘制一个控制点时按住鼠标左键不放，然后拖曳鼠标，就会在控制点上出现一个手柄，两个控制点之间的曲线变为光滑的曲线，这时可以自由控制曲线的形状，如图 2-29 所示。

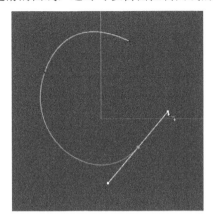

图 2-29

按 Enter 键确认曲线绘制，之后同样可以对曲线进行编辑。在"点"模式下，按住 Ctrl 键，直接在曲线上单击即可添加控制点。

技巧与提示：

选择一个控制点后，在控制点上会出现一个摇曳手柄，调整手柄的两端可以对曲线进行控制。如果只想控制单个手柄，则按住 Shift 键进行移动即可。

添加控制点：选中样条，按住 Ctrl 键，单击需要添加控制点的位置，即可为曲线添加一个控制点。

选择多个控制点：在主菜单中选择"选择"→"框选"命令，或者按住 Shift 键依次加选。

在"样条画笔"曲线上添加控制点的方法同样适用于后面几种曲线。

2）草绘

使用草绘工具可以自由绘制样条。选择"草绘"工具，按住鼠标左键在视图窗口中进行绘制，松开鼠标左键就会自动绘制一条曲线，如图 2-30 所示。

图 2-30

3）平滑样条

平滑样条工具用于对样条进行平滑处理。

选择"样条画笔"工具，在前视图中绘制一条样条，如图 2-31 所示。

图 2-31

选择"平滑样条"工具，在样条上进行平滑处理，还可以设置平滑样条画笔的大小，如图 2-32 所示。

图 2-32

4）样条弧线工具

样条弧线工具用于创建弧形的曲线，在视图窗口中单击即可绘制曲线。按住鼠标左键不放，并且移动鼠标，出现圆弧的形状，然后松开鼠标左键，即可确定圆弧的点，如图 2-33 所示。

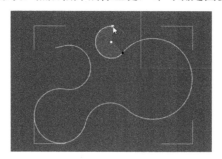

图 2-33

当绘制完样条后，在"属性"面板中会出现相应的参数，如图 2-34 所示。

图 2-34

参数说明如下。

- 类型：在该参数下包括"立方""线性""阿基玛（Akima）""B-样条""贝塞尔（Bezier）"
  5 种类型。当绘制完样条后，可以通过该参数自由修改样条的类型，非常方便，如图 2-35
  所示。

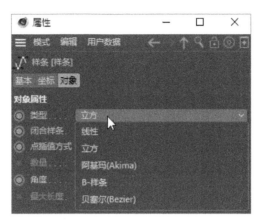

图 2-35

- 闭合样条：样条的闭合方法有两种，一种是在绘制时直接闭合（单击起点附近，系统将
  自动捕捉到起点），另一种是勾选"闭合样条"复选框。
- 点插值方式：用于设置样条的插值计算方式，包括"无""自然""统一""自动适应""细
  分"5 种方式，如图 2-36 所示。

图 2-36

2．圆弧

圆弧工具用于创建圆弧。在一般情况下，使用样条画笔工具或圆环工具也可以创建圆弧。在
主菜单中选择"创建"→"样条"→"圆弧"命令，即可绘制一段圆弧，展开"对象"选项卡，
如图 2-37 所示。

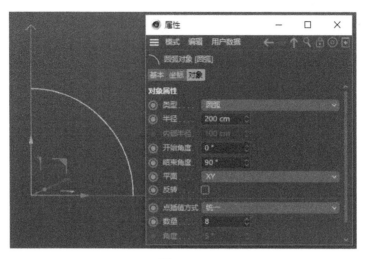

图 2-37

参数说明如下。

- 类型：圆弧对象包含 4 种类型，分别为"圆弧"、"扇区"、"分段"和"环状"，如图 2-38 所示。

图 2-38

- 半径：用于设置圆弧的半径。
- 开始角度：用于设置圆弧的起始位置。
- 结束角度：用于设置圆弧的结束位置。
- 平面：以任意两个轴形成的面，为圆弧放置的平面。
- 反转：反转圆弧的起始方向。

3．圆环

圆环工具用于创建圆形和圆环，可以配合挤压等命令进行操作。在主菜单中选择"创建"→"样条"→"圆环"命令，即可绘制一个圆环，展开"对象"选项卡，如图 2-39 所示。

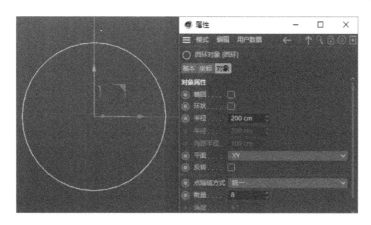

图 2-39

参数说明如下。

- 椭圆/半径：勾选"椭圆"复选框后，圆形变成椭圆；"半径"用于设置椭圆的半径。
- 环状/内部半径：勾选"环状"复选框后，圆形变成圆环；"内部半径"用于设置圆环内部的半径。
- 半径：用于设置整个圆的半径。

4. 螺旋

螺旋工具用于创建弹簧类模型，可以结合扫描命令进行操作。在主菜单中选择"创建"→"样条"→"螺旋"命令，即可绘制一段螺旋，展开"对象"选项卡，如图 2-40 所示。

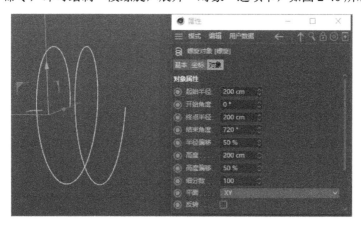

图 2-40

参数说明如下。

- 起始半径/终点半径：用于设置螺旋起点和终点的半径大小。
- 开始角度/结束角度：用于设置螺旋的长度。
- 半径偏移：用于设置螺旋半径的偏移程度。
- 高度：用于设置螺旋的高度。
- 高度偏移：用于设置螺旋高度的偏移程度。

- 细分数：用于设置螺旋的细分程度，值越大，螺旋越圆滑。

5．多边

多边工具用于创建多边形，可以在"属性"面板中设置边数。在主菜单中选择"创建"→"样条"→"多边"命令，即可绘制一条多边曲线，展开"对象"选项卡，如图 2-41 所示。

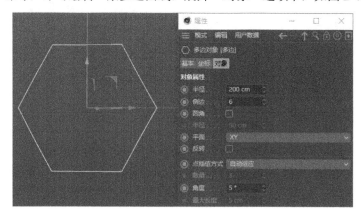

图 2-41

参数说明如下。

- 侧边：用于设置多边形的边数，默认为六边形。
- 圆角/半径：勾选"圆角"复选框后，多边形曲线将转换为圆角多边形曲线；"半径"用于控制圆角大小。

6．矩形

矩形工具可以结合挤压、扫描等命令制作复杂的模型。在主菜单中选择"创建"→"样条"→"矩形"命令，即可绘制一个矩形，展开"对象"选项卡，如图 2-42 所示。

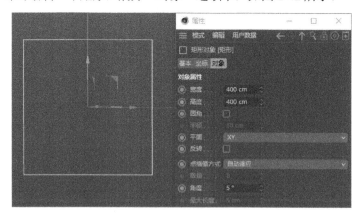

图 2-42

参数说明如下。

- 宽度/高度：用于调节矩形的宽度和高度。

- 圆角/半径：勾选"圆角"复选框后，矩形将转换为圆角矩形，可以通过"半径"参数来调节圆角大小。

7．星形

星形工具用于创建五角星等形状。在主菜单中选择"创建"→"样条"→"星形"命令，即可绘制一个星形，展开"对象"选项卡，如图 2-43 所示。

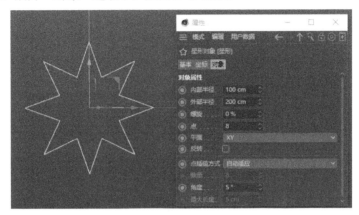

图 2-43

参数说明如下。
- 内部半径/外部半径：这两个参数分别用于设置星形内部顶点和外部顶点的半径大小。
- 螺旋：用于设置星形内部控制点的旋转程度。

8．文本

文本工具主要用来创建文字。在主菜单中选择"创建"→"样条"→"文本"命令，即可创建一个文本框，在文本框中输入文本即可，展开"对象"选项卡，如图 2-44 所示。

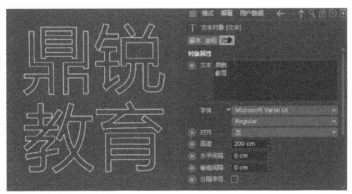

图 2-44

参数说明如下。
- 文本：在这里输入需要创建的文字。
- 字体：自动载入系统已经安装的字体。

- 对齐：用于设置文字的对齐方式，包括"左"、"中对齐"和"右"3种对齐方式（以坐标轴为参照进行对齐）。
- 高度：用于设置文字的高度。
- 水平间隔/垂直间隔：用于设置横排/竖排文字的间隔距离。
- 分隔字母：勾选该复选框后，当转换为多边形对象时，文字会被分离为各自独立的对象。

9．四边

四边工具用于创建四边形。在主菜单中选择"创建"→"样条"→"四边"命令，即可绘制一个四边形，展开"对象"选项卡，如图2-45所示。

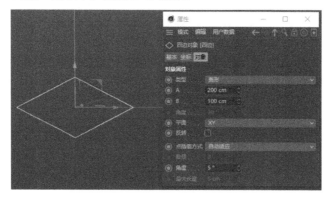

图 2-45

参数说明如下。

- 类型：提供了"菱形""风筝""平行四边形""梯形"4种选择。
- A/B：分别代表四边形在水平/垂直方向上的长度。
- 角度：只有当四边形为"平行四边形"或"梯形"时，此选项才会被激活，用于控制四边形的角度。

10．蔓叶类曲线

使用蔓叶类曲线工具创建的曲线也可以使用样条画笔工具来绘制。在主菜单中选择"创建"→"样条"→"蔓叶类曲线"命令，即可绘制一条蔓叶类曲线，展开"对象"选项卡，如图2-46所示。

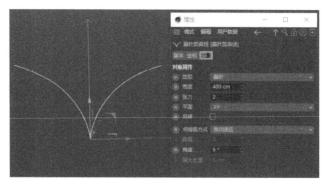

图 2-46

参数说明如下。

- 类型：有 3 种类型，分别为"蔓叶"、"双扭"和"环索"。
- 宽度：用于设置蔓叶类曲线的生长宽度。
- 张力：用于设置曲线之间张力伸缩的大小，只能用于控制"蔓叶"和"环索"两种类型的曲线。

11. 齿轮

齿轮工具用来制作齿轮类模型。在主菜单中选择"创建"→"样条"→"齿轮"命令，即可绘制一条齿轮曲线，展开"对象"选项卡，如图 2-47 所示。

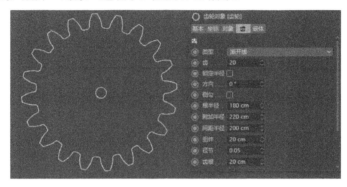

图 2-47

参数说明如下。

- 齿：用于设置齿轮的齿数。
- 根半径/附加半径/间距半径：分别用于设置齿轮内部、中间和外部的半径大小。
- 径节：用于设置齿轮外侧斜半径的大小。

12. 摆线

摆线工具用来绘制摆线形状，也可以使用样条画笔工具来绘制。在主菜单中选择"创建"→"样条"→"摆线"命令，即可绘制一条摆线，展开"对象"选项卡，如图 2-48 所示。

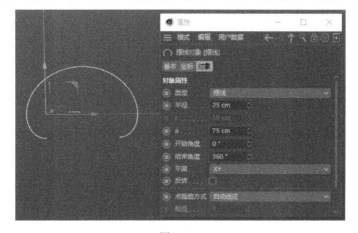

图 2-48

参数说明如下。

类型：包括"摆线"和"外摆线"两种类型。

13．花瓣

使用花瓣工具创建出来的花瓣形状和齿轮形状接近。在主菜单中选择"创建"→"样条"→"花瓣"命令，即可绘制一个花瓣形状，展开"对象"选项卡，如图 2-49 所示。

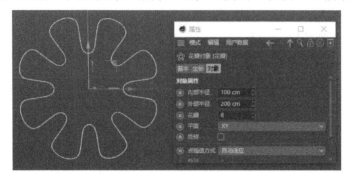

图 2-49

参数说明如下。

- 内部半径/外部半径：用于调整花瓣内部和外部半径的大小。
- 花瓣：用于设置花瓣的数量。

第3章　生成器与变形器

生成器和变形器是 Cinema 4D 中十分有用的建模工具。其中，生成器主要用于对已有的样条进行旋转、放样和扫描，从而生成模型。通过对二维样条进行操作转换为三维模型，是一种常规的建模方法。

3.1　生成器

Cinema 4D 中的造型工具非常强大，可以自由地组合出各种不同的效果，它的可操控性和灵活性是其他三维制作软件所无法比拟的。Cinema 4D 的生成器在工具栏中有两组图标工具组，这两组工具都是绿色图标，且都位于对象的父层级。生成器不仅可以将样条转换为三维模型，还可以对三维模型进行形态和位置上的调整。

在工具栏中单击"细分曲面"按钮，将弹出如图 3-1 所示的生成器工具组。

图 3-1

3.1.1　细分曲面

细分曲面是非常强大的工具之一，可以在圆滑处理模型的同时增加分段线。通过对细分曲面对象上的表面进行细分，来制作精细的模型。

在场景中创建一个立方体，单击"细分曲面"按钮，即可创建一个细分曲面对象，立方体和细分曲面对象之间没有任何关系，如图 3-2 所示。

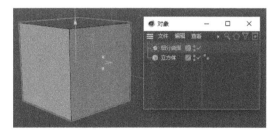

图 3-2

如果想让"细分曲面"命令对立方体产生作用，就必须让"立方体"对象成为"细分曲面"对象的子层级。在成为子层级之后，立方体会变得圆滑，并且表面被细分。直接拖动"立方体"对象到"细分曲面"对象下，如图 3-3 所示。

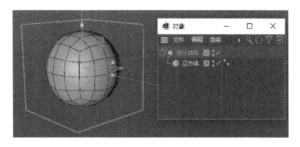

图 3-3

选择"细分曲面"对象后，可以在"属性"面板中调整其参数，如图 3-4 所示。

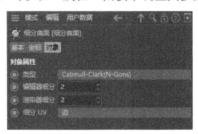

图 3-4

参数说明如下。

- 编辑器细分：用于设置视图显示中模型对象的细分数，也就是只影响对象的细分数。
- 渲染器细分：用于设置渲染时模型对象的细分数。

3.1.2 布料曲面

布料曲面用来模拟布料的特性。使用该命令可以"软化"模型，并且可以设置布料的厚度。

在场景中创建一个"立方体"模型，按快捷键 C 将模型转换为可编辑的多边形对象。在编辑模式工具栏中单击"多边形"按钮，在模型上选择一个面，按 Delete 键，删除面，效果如图 3-5 所示。

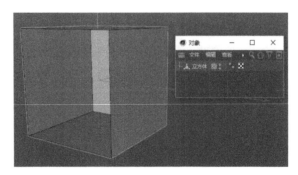

图 3-5

单击"布料曲面"按钮，在场景中创建一个布料曲面对象。将"立方体"对象拖动到"布料曲面"对象下，立方体产生了变形，并且产生了细分效果，如图 3-6 所示。

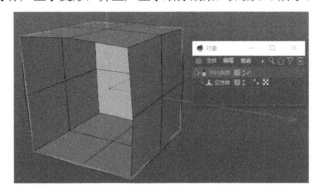

图 3-6

选择"布料曲面"对象，在"属性"面板中调整布料曲面的属性，将细分数调整为 4，将厚度调整为 10cm，即可看到对立方体进行布料曲面细分的效果，如图 3-7 所示。

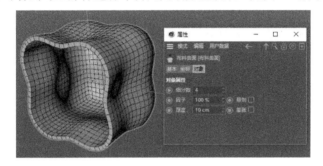

图 3-7

3.1.3　阵列

阵列生成器主要用于将模型按照设定进行排列。

单击工具栏中的"球体"按钮，创建一个球体。

单击工具栏中的"阵列"按钮，创建阵列对象。将球体拖动成为阵列对象的子层级，如图 3-8 所示。

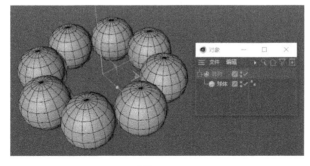

图 3-8

在"属性"面板中展开阵列对象的"对象"选项卡，如图3-9所示。

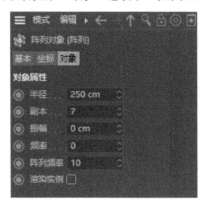

图 3-9

参数说明如下。

- 半径：用于设置阵列的半径大小。
- 副本：用于设置阵列中物体数量的多少。
- 振幅：用于设置阵列的波动范围。
- 频率：用于设置阵列的波动快慢。
- 阵列频率：用于设置阵列中每个物体的波动范围。

3.1.4 晶格

晶格生成器主要用于根据模型的布线生成模型。

单击工具栏中的"圆柱"按钮，创建一个圆柱，调整圆柱的"高度分段"，如图3-10所示。

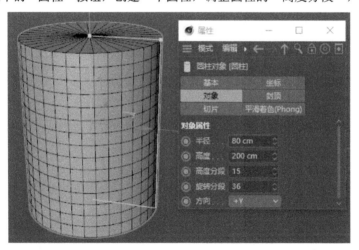

图 3-10

切换到"封顶"选项卡，取消勾选"封顶"复选框，如图3-11所示。

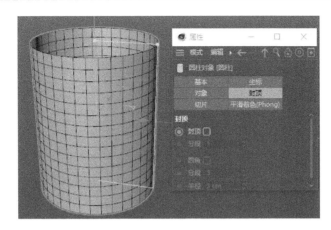

图 3-11

单击工具栏中的"晶格"按钮，创建晶格对象。将圆柱拖动成为晶格对象的子层级，如图 3-12 所示。

图 3-12

打开晶格对象的"属性"面板，在"对象"选项卡中调整球体半径，效果如图 3-13 所示。

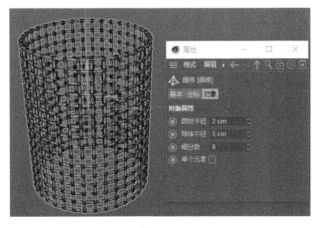

图 3-13

参数说明如下。

- 圆柱半径：用于调整圆柱的半径大小。
- 球体半径：用于调整球体的半径大小。
- 细分数：用于控制圆柱和球体的细分程度。

3.1.5　布尔

布尔生成器可以对两个模型进行相加、相减、交集和补集操作。

单击工具栏中的"立方体"按钮，创建一个立方体；再创建一个球体，并移动球体的位置；单击工具栏中的"布尔"按钮，创建布尔对象，如图 3-14 所示。

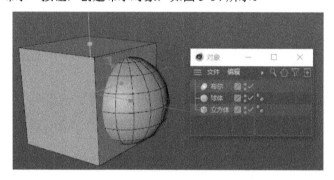

图 3-14

将立方体和球体拖动成为布尔对象的子层级，如图 3-15 所示。

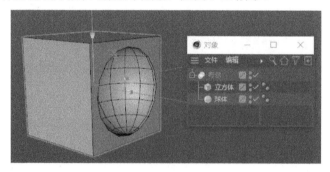

图 3-15

打开布尔对象的"属性"面板，切换到"对象"选项卡，如图 3-16 所示。

图 3-16

参数说明如下。

- 布尔类型：提供了 4 种布尔类型，分别为"A 减 B""A 加 B""AB 交集""AB 补集"。通过对物体模型进行布尔运算，将得到新的物体。取消勾选"隐藏新的边"复选框，这样，在进行布尔运算后，将产生新的布线。

布尔 A 加 B 的效果如图 3-17 所示。

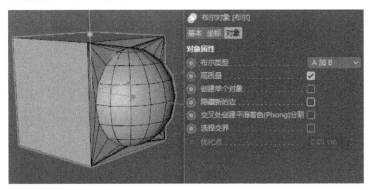

图 3-17

布尔 A 减 B 的效果如图 3-18 所示。

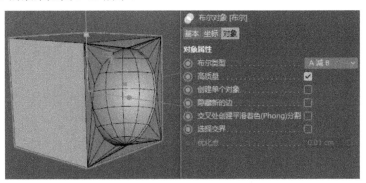

图 3-18

布尔 AB 交集的效果如图 3-19 所示。

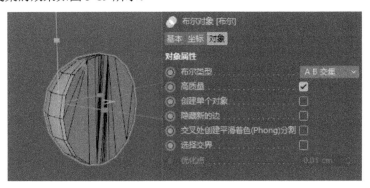

图 3-19

布尔 AB 补集的效果如图 3-20 所示。

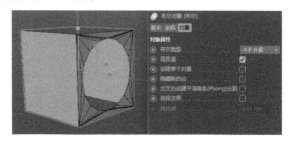

图 3-20

- 创建单个对象：勾选该复选框后，当布尔对象转换为多边形对象时，物体合并为一个整体。
- 隐藏新的边：在进行布尔运算后，线的分布不均匀。勾选该复选框后，会隐藏不规则的线。
- 交叉处创建平滑着色（Phong）分割：对交叉的边缘进行平滑处理。
- 优化点：勾选"创建单个对象"复选框后，此选项才能被激活，用于对布尔运算后的模型进行优化，删除无用的点。

3.1.6　连接

连接生成器主要用于将两个对象连接成一个整体。

单击工具栏中的"球体"按钮，创建一个球体；再创建一个球体，并移动球体的位置；单击工具栏中的"连接"按钮，创建连接对象，如图 3-21 所示。

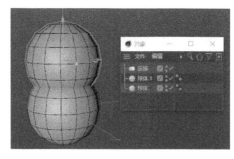

图 3-21

将两个球体对象拖动成为连接对象的子层级，如图 3-22 所示。

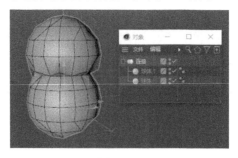

图 3-22

打开连接对象的"属性"面板，切换到"对象"选项卡，调整"公差"为 34cm，如图 3-23
所示。

图 3-23

参数说明如下。

- 焊接：只有在勾选该复选框后，才能对两个对象进行连接。
- 公差：调整公差数值，对两个对象进行连接。
- 平滑着色（Phong）模式：对两个对象的接口处进行平滑处理。
- 居中轴心：勾选该复选框，当两个对象连接后，其坐标轴原点移动到物体的中心。

3.1.7　实例

实例生成器需要和几何体结合起来使用。

单击工具栏中的"球体"按钮，创建一个球体；单击工具栏中的"实例"按钮，创建实例对
象；将球体拖动到实例"属性"面板参考对象右侧的空白区域，如图 3-24 所示。

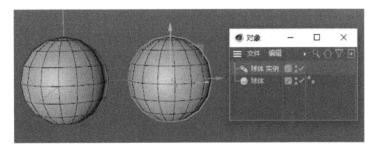

图 3-24

这样，实例就继承了球体的所有属性。

3.1.8　融球

融球生成器可以将多个球体相融，从而形成粘连的效果。

单击工具栏中的"球体"按钮，创建两个球体；单击工具栏中的"融球"按钮，创建融球对
象，如图 3-25 所示。

图 3-25

将两个球体拖动成为融球对象的子层级，调整"外壳数值"，使两个球体融合在一起，如图 3-26 所示。

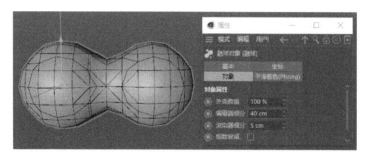

图 3-26

参数说明如下。

- 外壳数值：用于设置融球的融解程度和大小。
- 编辑器细分：用于设置视图显示中融球的细分数，值越小，融球越圆滑。
- 渲染器细分：用于设置渲染时融球的细分数，值越小，融球越圆滑。
- 指数衰减：勾选该复选框后，融球的大小和圆滑程度有所衰减。

3.1.9 对称

对称生成器用于创建对称的模型，如头部模型。

单击工具栏中的"球体"按钮，创建一个球体；单击工具栏中的"对称"按钮，创建对称对象；将球体拖动成为对称对象的子层级，移动球体的位置，可以看到对称的球体，如图 3-27 所示。

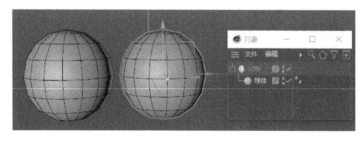

图 3-27

打开对称对象的"属性"面板,切换到"对象"选项卡,如图 3-28 所示。

图 3-28

参数说明如下。

- 镜像平面:提供了 XY、ZY、XZ 三种类型。
- 焊接点:勾选该复选框后,即可激活"公差"选项。
- 公差:调整公差数值,两个对象会连接到一起。

3.1.10 减面

减面生成器用于给复杂的模型减少面。

单击工具栏中的"地形"按钮,创建地形对象,调整地形对象的属性,如图 3-29 所示。

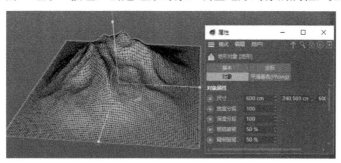

图 3-29

单击工具栏中的"减面"按钮,创建减面对象;将地形对象拖动成为减面对象的子层级,调整"减面强度",如图 3-30 所示。

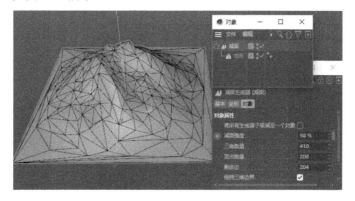

图 3-30

按 Delete 键将地形对象后面的平滑着色标签删除，如图 3-31 所示。

图 3-31

删除平滑着色标签后，在模型上没有平滑效果，以硬边显示，如图 3-32 所示。

选择地形对象，按快捷键 C，可以将其转换为可编辑的多边形对象。在编辑模式工具栏中单击"点"按钮，进入点层级编辑模式，如图 3-33 所示。

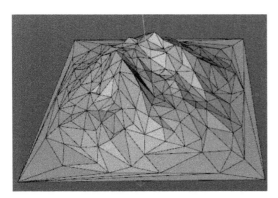
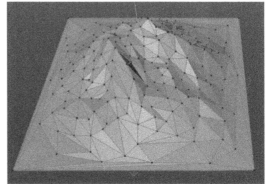

图 3-32　　　　　　　　　　　　　　　　　图 3-33

单击鼠标右键，在弹出的快捷菜单中选择"多边形画笔"命令，可以拖动一个点到另一个点上面进行合并，如图 3-34 所示。

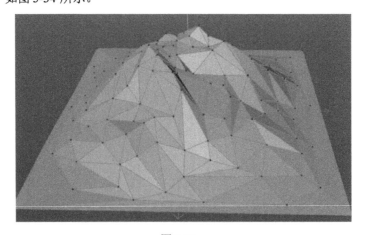

图 3-34

这种方法常用于多边形形状的制作。

3.2　曲面建模

通过曲面建模能够很好地控制物体的表面曲线度，用于创建更逼真、生动的造型。Cinema 4D 提供的曲面建模方式包括挤压、旋转、放样、扫描 4 种。单击工具栏中的"挤压"按钮，弹出如图 3-35 所示的生成器工具组。

图 3-35

3.2.1　挤压

挤压生成器是针对样条的建模工具，可以将二维曲线挤压成三维模型。

单击工具栏中的"齿轮"按钮，在场景中创建齿轮样条；单击工具栏中的"挤压"按钮，创建挤压对象；拖动齿轮对象成为挤压对象的子层级，即可挤压成三维齿轮模型，如图 3-36 所示。

图 3-36

打开挤压对象的"属性"面板，切换到"对象"选项卡，如图 3-37 所示。

图 3-37

参数说明如下。

- 移动：该参数包括 3 个数值，从左到右依次表示 X、Y、Z 轴上的挤压距离。
- 细分数：用于控制挤压对象在挤压轴上的细分数量。
- 等参细分：选择视图窗口菜单栏中的"显示"→"等参线"命令，可以发现该参数用于控制等参线的细分数量，如图 3-38 所示。
- 反转法线：该选项用于反转法线的方向。
- 层级：勾选该复选框后，如果将挤压过的对象转换为可编辑的多边形对象，那么该对象将按层级来显示。

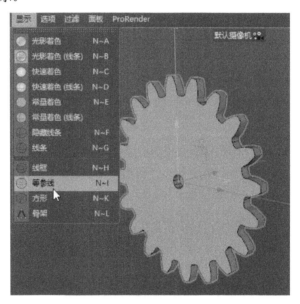

图 3-38

切换到"封盖"选项卡，如图 3-39 所示。

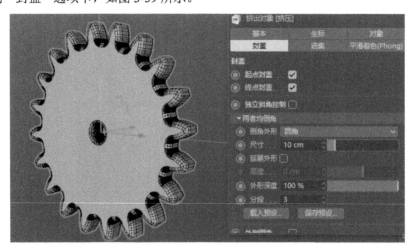

图 3-39

参数说明如下。

- 起点封盖/终点封盖：默认勾选这两个复选框。如果取消勾选，那么挤压的模型将不封闭。
- 倒角外形：用于设置倒角类型，包括"圆角""曲线""实体""步幅"4 种类型，如图 3-40 所示。

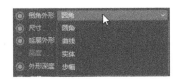

图 3-40

- 分段：用于设置倒角的边数。

3.2.2　五角星模型制作

本节学习通过样条挤压制作五角星模型。具体操作步骤如下：

Step 01 单击工具栏中的"星形"按钮，创建星形对象，调整参数"点"为 5，"内部半径"为 70cm，如图 3-41 所示。

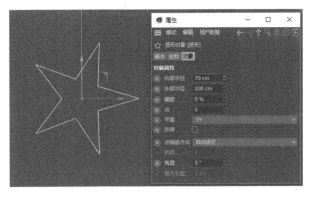

图 3-41

Step 02 选中星形对象，按 Alt 键，单击工具栏中的"挤压"按钮，创建挤压对象。将星形对象拖动成为挤压对象的子层级，将挤压对象的"细分数"设置为 3，如图 3-42 所示。

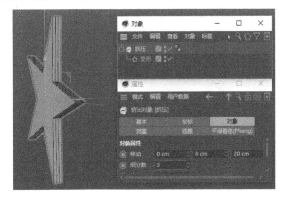

图 3-42

Step 03 按快捷键 C，将模型转换为可编辑的多边形对象。

Step 04 在编辑模式工具栏中单击"多边形"按钮，进入多边形编辑模式，选择面，如图 3-43 所示。

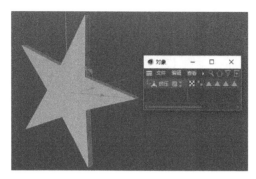

图 3-43

Step 05 单击鼠标右键，在弹出的快捷菜单中选择"坍塌"命令，将选中的面合并为点，如图 3-44 所示。

图 3-44

Step 06 在编辑模式工具栏中单击"点"按钮，进入点层级编辑模式。选择五角星中间的点，向外移动，如图 3-45 所示。

图 3-45

Step 07 切换到边层级编辑模式，在五角星上选择一条边，然后双击这条边，可以将这条边环状选择，如图 3-46 所示。

图 3-46

Step 08 按 Shift 键加选，将鼠标指针移动到其他边上，双击进行环状选择，如图 3-47 所示。

图 3-47

Step 09 单击鼠标右键，在弹出的快捷菜单中选择"倒角"命令，设置倒角参数，将"倒角模式"设置为"实体"，调整"偏移"为 5cm，如图 3-48 所示。

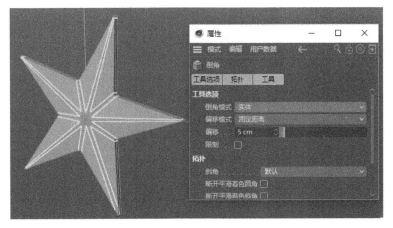

图 3-48

Step 10 切换到"模型"模式，选择星形对象，按 Alt 键，单击工具栏中的"细分曲面"按钮，给模型添加细分曲面，如图 3-49 所示。

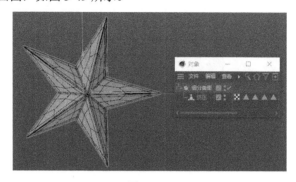

图 3-49

Step 11 选择"旋转"工具，对五角星进行旋转，然后在视图窗口的菜单栏中选择"显示"→"光影着色"命令，这样就完成了五角星模型的制作，效果如图 3-50 所示。

图 3-50

3.2.3　旋转

使用旋转生成器可以将二维曲线围绕 Y 轴旋转生成三维模型。

切换到正视图，单击工具栏中的"样条画笔"按钮，创建高脚杯的轮廓，如图 3-51 所示。

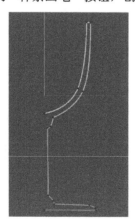

图 3-51

单击工具栏中的"旋转"按钮，在场景中创建旋转对象。将样条对象拖动成为旋转对象的子层级，这样就创建了一个三维模型，如图 3-52 所示。

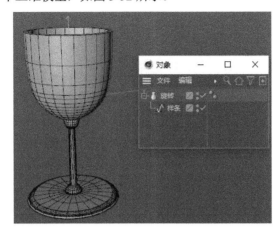

图 3-52

注意：最好在正视图中创建样条，这样能更好地控制样条的准确性。

打开旋转对象的"属性"面板，切换到"对象"选项卡，如图 3-53 所示。

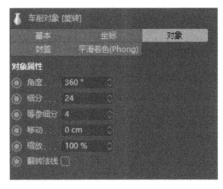

图 3-53

参数说明如下。

- 角度：用于控制旋转对象围绕 Y 轴旋转的角度。
- 细分：用于控制旋转对象的细分数量。
- 等参细分：用于设置等参线的细分数量。
- 移动：用于设置旋转对象围绕 Y 轴旋转时在垂直方向移动的距离。
- 缩放：用于设置旋转对象围绕 Y 轴旋转时缩放的比例。

3.2.4　玻璃杯模型制作

本节学习通过样条旋转制作玻璃杯模型。具体操作步骤如下：

Step 01 选择"样条画笔"工具，在正视图中绘制样条，如图 3-54 所示。

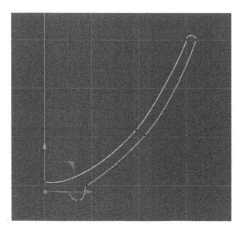

图 3-54

Step 02 调整样条对象的属性，如图 3-55 所示。

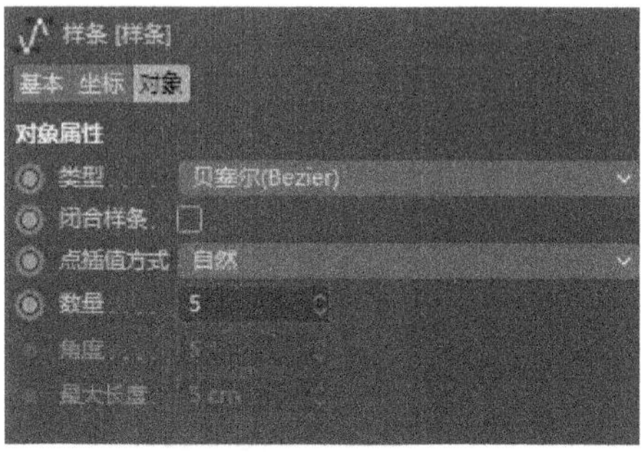

图 3-55

Step 03 单击工具栏中的"旋转"按钮，创建旋转对象；将样条对象拖动成为旋转对象的子层级，如图 3-56 所示。

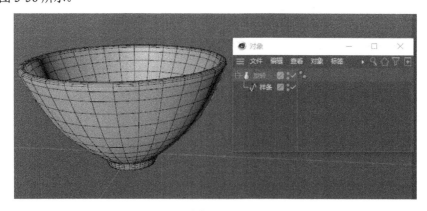

图 3-56

Step 04 选择"样条画笔"工具，再次在正视图中绘制样条，如图 3-57 所示。

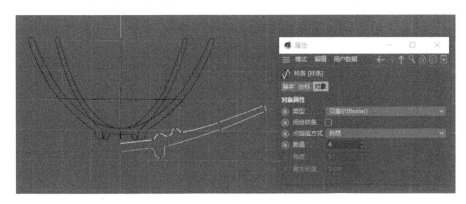

图 3-57

Step 05 单击工具栏中的"旋转"按钮，创建旋转对象；将样条对象拖动成为旋转对象的子层级，如图 3-58 所示。

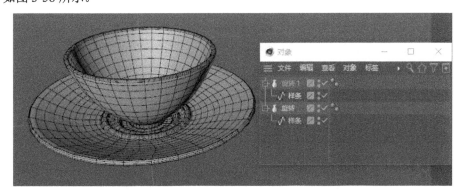

图 3-58

Step 06 选择杯子模型，单击鼠标右键，在弹出的快捷菜单中选择"当前状态转模型"命令，或者按快捷键 C，可以将杯子模型转换为可编辑的多边形对象，从侧面选择多边形对象的面，如图 3-59 所示。

图 3-59

Step 07 单击鼠标右键，在弹出的快捷菜单中选择"挤压"命令，挤压模型，如图 3-60 所示。

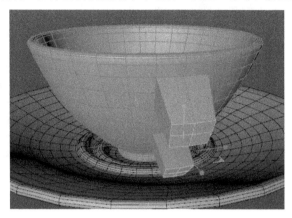

图 3-60

Step 08 再次选择"挤压"命令，挤压面，如图 3-61 所示。

图 3-61

Step 09 选中上面的 4 个面，单击鼠标右键，在弹出的快捷菜单中选择"桥接"命令，然后将其拖动到下面的面，这样就可以将面连接起来，如图 3-62 所示。

图 3-62

Step 10 在杯子模型上单击鼠标右键，在弹出的快捷菜单中选择"循环/路径切割"命令，添加两条循环边，如图 3-63 所示。

图 3-63

Step 11 选中模型，按 Alt 键，单击"细分曲面"按钮，给模型添加细分曲面，如图 3-64 所示。

图 3-64

Step 12 选择"样条画笔"工具，再绘制一条曲线，如图 3-65 所示。

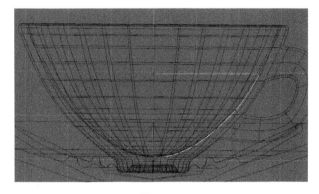

图 3-65

Step 13 创建旋转对象，如图 3-66 所示。

图 3-66

Step 14 可以发现，底盘边缘有棱角。选择底盘模型，按 Alt 键，单击"细分曲面"按钮，给模型添加细分曲面，这样模型将更加圆滑，去掉线框后的效果如图 3-67 所示。

图 3-67

3.2.5 放样

放样生成器可以根据多条二维曲线的外边界搭建曲面，从而生成复杂的三维模型。

单击工具栏中的"圆环"按钮，在场景中创建圆形曲线；单击工具栏中的"星形"按钮，在场景中创建一个星形，如图 3-68 所示。

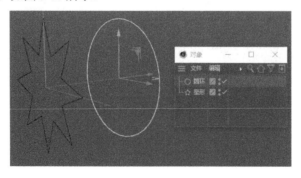

图 3-68

单击工具栏中的"放样"按钮，创建放样对象；选择两个形状的样条，拖动成为放样对象的子层级，生成复杂的三维模型，如图 3-69 所示。

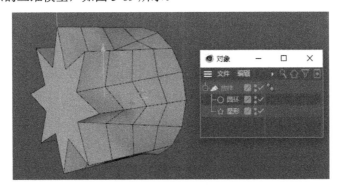

图 3-69

打开放样对象的"属性"面板，切换到"对象"选项卡，如图 3-70 所示。

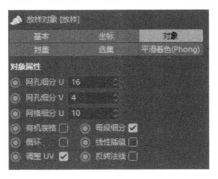

图 3-70

参数说明如下。

- 网孔细分 U：用于控制网孔 U 方向上的细分数量。
- 网孔细分 V：用于控制网孔 V 方向上的细分数量。
- 网格细分 U：用于设置等参线的细分数量。
- 有机表格：取消勾选该复选框，在放样时是通过样条上各对应的点来构建模型的；勾选该复选框，在放样时会自由、有机地构建模型的形态。
- 每段细分：勾选该复选框后，在 V 方向上会根据"网孔细分 V"中的数值进行细分。
- 循环：勾选该复选框后，两条样条将连接在一起，模型将不封闭。
- 线性插值：勾选该复选框后，在样条之间将使用线性插值方式。

3.2.6　易拉罐模型制作

本节学习使用放样生成器将一条或多条样条进行连接，从而生成三维模型。具体操作步骤如下：

Step 01 切换到顶视图，单击"圆环"按钮，创建圆形曲线，如图 3-71 所示。

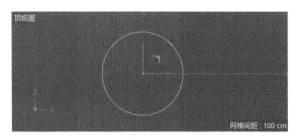

图 3-71

Step 02 切换到透视视图，选择"移动"工具，按 Ctrl 键复制圆环，复制 4 条曲线，并移动位置，缩放底部圆环大小，如图 3-72 所示。

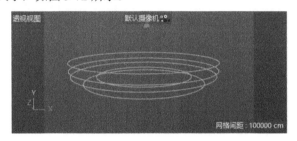

图 3-72

Step 03 按住 Ctrl 键，向上移动复制圆环，再复制 8 条曲线，缩放大小并调整位置，如图 3-73 所示。

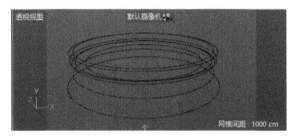

图 3-73

Step 04 所有样条的效果如图 3-74 所示。

图 3-74

Step 05 单击工具栏中的"放样"按钮，创建放样对象，然后将底部的圆环样条拖动成为放样对象的子层级，如图 3-75 所示。

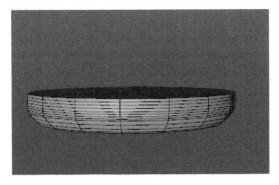

图 3-75

Step 06 同样，将顶部的圆环样条拖动成为放样对象的子层级，如图 3-76 所示。我们可以一条一条地拖动，以便观察效果。

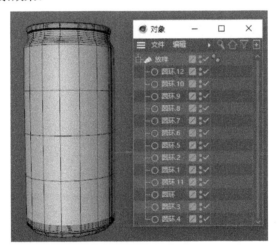

图 3-76

Step 07 调整放样对象的属性，其中，"网孔细分 U" / "网孔细分 V" / "网格细分 U" 用于设置三维模型的细分数量，如图 3-77 所示。

图 3-77

Step 08 勾选"封盖"选项卡下的"起点封盖"和"终点封盖"复选框，这样生成的模型就是封闭的实体模型。

Step 09 选择放样对象，按 Alt 键，单击"细分曲面"按钮，添加细分曲面。在视图窗口的菜单栏中选择"显示"→"光影着色"命令，最终效果如图 3-78 所示。

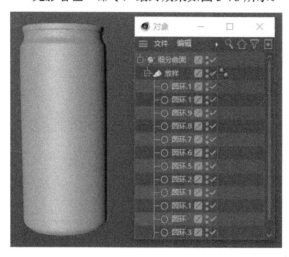

图 3-78

3.2.7 扫描

扫描生成器可以将一幅二维图像的截面沿着某条样条路径移动生成三维模型。

切换到顶视图，单击"螺旋"按钮，创建一条螺旋线，设置螺旋线的"高度"和"结束角度"，如图 3-79 所示。

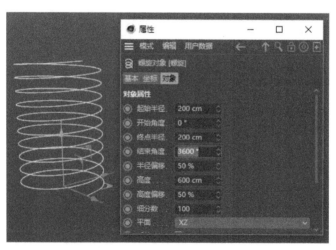

图 3-79

单击"花瓣"按钮，在透视视图中创建花瓣形状，调整"内部半径"和"外部半径"，如图 3-80 所示。

图 3-80

单击工具栏中的"扫描"按钮，创建扫描对象。将花瓣和螺旋对象拖动成为扫描对象的子层级，如图 3-81 所示。

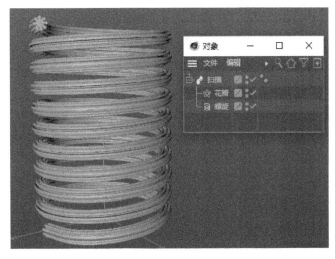

图 3-81

技巧与提示：

在"对象"面板中，当两条样条成为扫描对象的子层级时，扫描生成器下方的第一个图形是扫描的图案，第二个图形是扫描的路径。

打开扫描对象的"属性"面板，切换到"对象"选项卡，如图 3-82 所示。

参数说明如下。

- 网格细分：用于设置等参线的细分数量。
- 终点缩放：用于设置扫描对象在路径终点的缩放比例。
- 结束旋转：用于设置扫描对象到达路径终点时的旋转角度。
- 开始生长：用于设置扫描对象沿着路径生成三维模型的起点。
- 结束生长：用于设置扫描对象沿着路径生成三维模型的终点。

- 细节：该参数包括"缩放"和"旋转"图表。在图表的左右两侧分别有两个小圆点，左侧的小圆点用于控制扫描对象起点处的缩放和旋转程度，右侧的小圆点用于控制扫描对象终点处的缩放和旋转程度。

图 3-82

在图表中按 Ctrl 键并单击即可添加小圆点，从而调整模型的形态，如图 3-83 所示。如果想要删除多余的小圆点，则只需按 Delete 键即可。

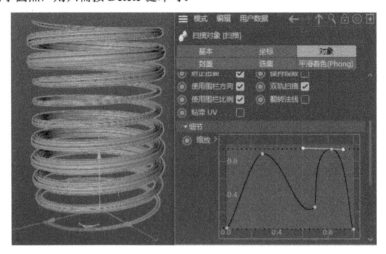

图 3-83

3.2.8 样条布尔

样条布尔生成器是将样条进行布尔运算的工具，和"布尔"命令的作用相同。

样条布尔生成器可以对两个模型进行相加、相减、交集和补集运算。

单击工具栏中的"矩形"按钮，创建一个矩形；再创建一个圆环，并移动其位置；单击工具栏中的"样条布尔"按钮，创建样条布尔对象，如图 3-84 所示。

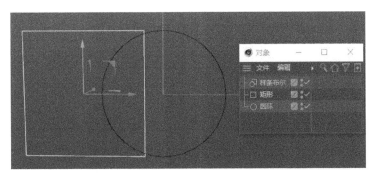

图 3-84

将矩形和圆环拖动成为样条布尔对象的子层级，如图 3-85 所示。

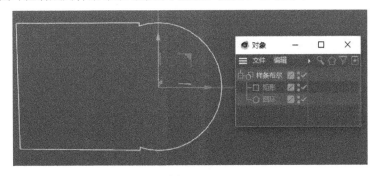

图 3-85

打开样条布尔对象的"属性"面板，切换到"对象"选项卡，如图 3-86 所示。

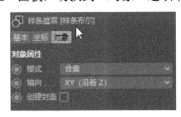

图 3-86

模式包括"合集""A 减 B""B 减 A""与""或""交集"6 种类型，通过这些类型对样条进行运算，即可得到新的样条，如图 3-87 所示。

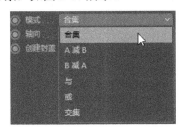

图 3-87

A 减 B 的效果如图 3-88 所示。

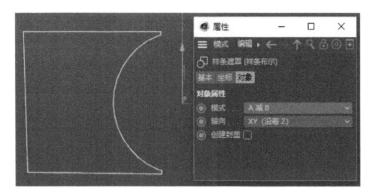

图 3-88

大家在制作模型时根据需求选择不同的模式即可。

3.3 变形器

变形器工具用于给几何体添加变形效果。Cinema 4D 提供了非常多的变形工具，包括扭曲、膨胀、斜切、锥化、螺旋、FFD、网格、挤压&伸展、融解、爆炸 FX、破碎、修正、颤动、变形、球化、表面等 29 种。

创建变形器的方法有两种：一种是在工具栏中长按 按钮不放，打开变形器工具栏，选择变形器添加，如图 3-89 所示；另一种是在菜单栏中选择"创建"→"变形器"命令，创建变形器。

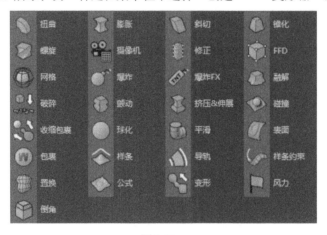

图 3-89

3.3.1 扭曲

扭曲变形器可以对模型进行任意角度的扭曲。

单击工具栏中的"圆柱"按钮，创建一个圆柱，如图 3-90 所示。

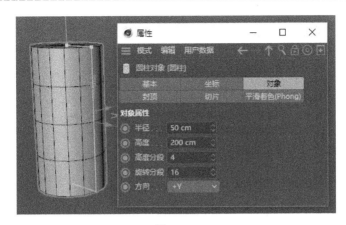

图 3-90

选择"创建"→"变形器"→"扭曲"命令，创建扭曲变形器。将扭曲变形器拖动成为圆柱对象的子层级，调整"强度"参数，圆柱将扭曲，如图 3-91 所示。

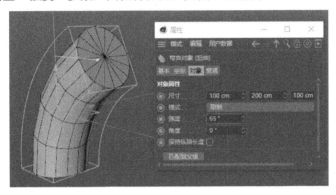

图 3-91

参数说明如下。
- 尺寸：用于设置修改器紫色边框大小。
- 模式：用于设置模型的扭曲模式，包括"限制""框内""无限"3 种。限制是指在扭曲框的范围产生作用，不在扭曲框内也能产生作用；框内是指必须在扭曲框内才能产生作用；无限是指模型不受扭曲框限制。
- 强度：用于设置模型的扭曲程度。
- 角度：用于设置模型扭曲时旋转的角度。
- 保持纵轴长度：勾选该复选框后，模型无论如何扭曲，纵轴长度保持不变。

3.3.2　膨胀

膨胀变形器可以让模型局部放大。

单击工具栏中的"圆柱"按钮，创建一个圆柱；单击变形器工具栏中的"膨胀"按钮，创建膨胀变形器；将膨胀变形器拖动成为圆柱对象的子层级，调整"强度"参数，圆柱将膨胀，如图 3-92 所示。

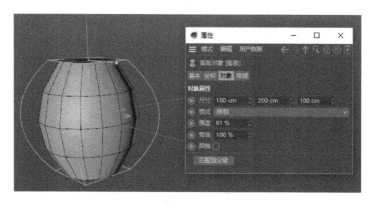

图 3-92

注意：制作膨胀的模型需要有足够的细分数，才能产生膨胀效果。

参数说明如下。

- 匹配到父级：当变形器作为物体的子层级时，单击"匹配到父级"按钮，可以自动与父级大小进行匹配。
- 弯曲：设置膨胀的弯曲程度。
- 圆角：勾选该复选框后，能保持膨胀为圆角。

切换到"属性"面板中的"衰减"选项卡，双击"创建一个新域"图标，将会创建一个球体域，移动球体域，可以改变膨胀的位置，如图 3-93 所示。

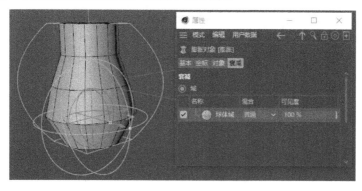

图 3-93

3.3.3 斜切

斜切变形器用于控制模型的倾斜程度。

单击工具栏中的"圆柱"工具，创建一个圆柱，将圆柱对象的"高度分段"设置为 20；单击变形器工具栏中的"斜切"按钮，创建斜切变形器；将斜切变形器拖动成为圆柱对象的子层级，调整"强度"参数，圆柱将斜切，如图 3-94 所示。

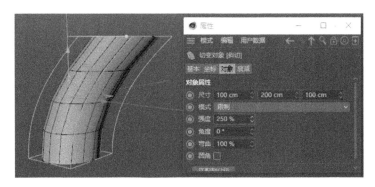

图 3-94

3.3.4 锥化

锥化变形器可以让模型部分缩小。

单击工具栏中的"圆柱"按钮,创建一个圆柱;单击变形器工具栏中的"锥化"按钮,创建锥化变形器;将锥化变形器拖动成为圆柱对象的子层级,调整"强度"参数,圆柱将锥化,如图 3-95 所示。

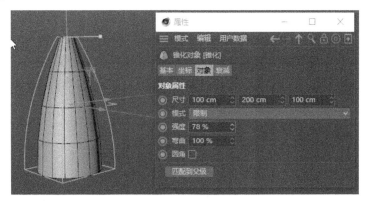

图 3-95

参数说明如下。

- 强度:用于设置模型缩小的强度。当数值为正值时,模型将缩小;当数值为负值时,模型将放大。
- 弯曲:用于设置模型的弯曲程度。

3.3.5 螺旋

螺旋变形器可以让模型自身形成扭曲旋转效果。

单击工具栏中的"圆柱"按钮,创建一个圆柱;单击变形器工具栏中的"螺旋"按钮,创建螺旋变形器;将螺旋变形器拖动成为圆柱对象的子层级,调整"强度"参数,圆柱将扭曲旋转,如图 3-96 所示。

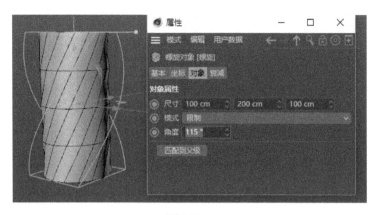

图 3-96

参数说明如下。

- 匹配到父级：当变形器作为物体子层级的时候，单击"匹配到父级"按钮，可自动与父级大小进行匹配。
- 角度：用于调整模型的旋转角度。

3.3.6　FFD

FFD 变形器可以在模型的外部形成晶格，通过控制晶格来控制模型的形状。

单击工具栏中的"立方体"按钮，创建一个立方体，将立方体对象的分段 X、分段 Y、分段 Z 都设置为 5，勾选"圆角"复选框，设置"圆角半径"为 15cm，"圆角细分"为 3，如图 3-97 所示。

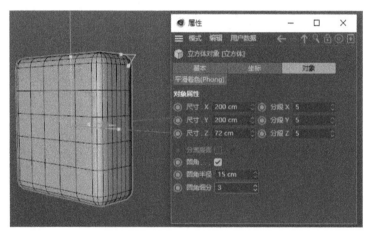

图 3-97

单击变形器工具栏中的"FFD"按钮，创建 FFD 变形器；将 FFD 变形器拖动成为立方体对象的子层级，调整水平网点、垂直网点和纵深网点均为 3，如图 3-98 所示。

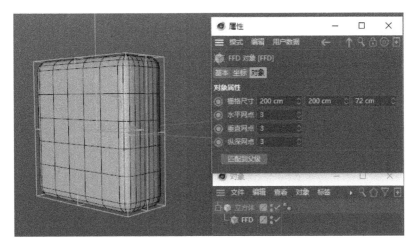

图 3-98

选择"点"模式，选择矩形选择工具，框选全部的点；选择缩放工具，将模型压扁，效果如图 3-99 所示。

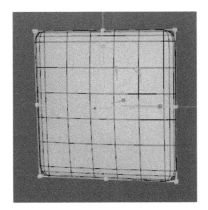

图 3-99

调整中间点的位置，效果如图 3-100 所示。

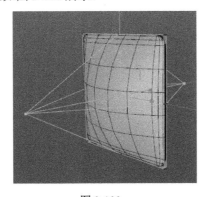

图 3-100

在模型正面将上、下、左、右中间的点向模型中间移动，效果如图 3-101 所示。

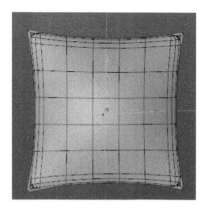

图 3-101

在视图窗口的菜单栏中选择"过滤"→"变形器"命令，可以将变形器隐藏，模型显示效果如图 3-102 所示。

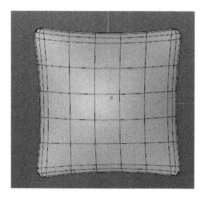

图 3-102

3.3.7　倒角

倒角变形器可以让模型形成倒角效果，多用于多边形建模。

单击工具栏中的"立方体"按钮，创建一个立方体；单击变形器工具栏中的"倒角"按钮，创建倒角变形器；将倒角变形器拖动成为立方体对象的子层级，如图 3-103 所示。

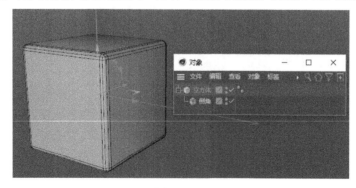

图 3-103

调整"偏移"参数,立方体倒角大小会产生变化。来看一下倒角变形器的参数,如图 3-104 所示。

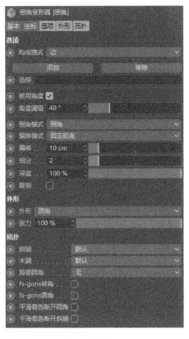

图 3-104

参数说明如下。

- 构成模式:用于设置倒角的模式,包括"点""边""多边形"3 种模式。
- 偏移:用于设置倒角的强度。
- 细分:用于设置倒角的分段线。
- 外形:可以选择"圆角""用户"或"剖面"。

3.3.8　挤压&伸展

挤压&伸展变形器主要对模型进行压扁和拉伸操作。

单击工具栏中的"球体"按钮,创建一个球体;单击变形器工具栏中的"挤压&伸展"按钮,创建挤压&伸展变形器;将挤压&伸展变形器拖动成为球体对象的子层级,如图 3-105 所示。

图 3-105

调整"因子"参数为 180%，球体将被拉伸，如图 3-106 所示。

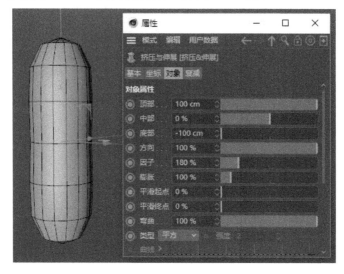

图 3-106

参数说明如下。

- 因子：用于控制挤压和伸展的程度。先调整此参数，再调整其他参数才能起作用。
- 顶部/中部/底部：分别用于控制模型顶部、中部、底部的挤压和伸展。
- 方向：用于设置挤压&伸展模型沿 X 轴方向扩展的程度。
- 膨胀：用于设置挤压&伸展模型的膨胀变化。
- 平滑起点/平滑终点：分别用于设置挤压&伸展模型起点和终点的平滑程度。
- 弯曲：用于设置挤压&伸展模型的弯曲变化。
- 类型：有"平方""立方""四次方""自定义""样条"5 种类型可选。选择"样条"类型即可激活下方的"曲线"选项，可以通过调整曲线控制模型的细节。

3.3.9　球化

球化变形器主要用于将不规则的物体变成球体。

单击工具栏中的"宝石"按钮，创建宝石对象，如图 3-107 所示。

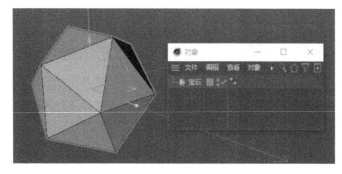

图 3-107

单击变形器工具栏中的"倒角"按钮，创建倒角变形器；将倒角变形器拖动成为宝石对象的子层级，设置"偏移"为 4cm，"细分"为 2，如图 3-108 所示。

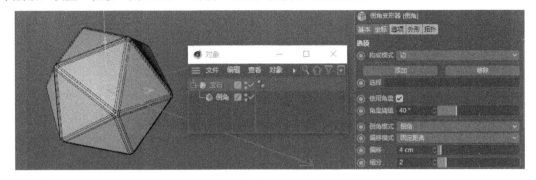

图 3-108

选中宝石对象，单击工具栏中的"细分曲面"按钮，给宝石对象添加细分曲面，这样宝石对象就会有很多个面，如图 3-109 所示。

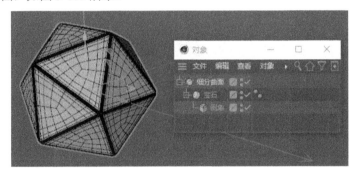

图 3-109

选中"细分曲面"对象，单击鼠标右键，在弹出的快捷菜单中选择"群组对象"命令，创建一个群组，如图 3-110 所示。

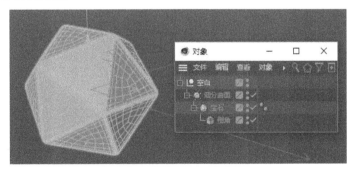

图 3-110

单击变形器工具栏中的"球化"按钮，创建球化变形器，然后将球化变形器拖动到"空白"群组下方，如图 3-111 所示。

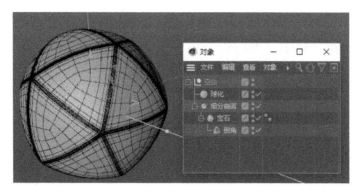

图 3-111

调整球化对象的参数，将"强度"调整为 100%，宝石就变成了球体，如图 3-112 所示。

图 3-112

也可以通过"强度"参数调整关键帧动画，从而制作由宝石变为球体的动画。

第4章　多边形建模

Cinema 4D 为了满足用户更高级的需求，提供了一些高级建模工具。利用这些工具，用户可以创造出室内模型、产品模型及生物类模型。

4.1　了解多边形建模

多边形建模是非常重要也是必须掌握的内容，基本上所有的模型都是经过多边形编辑制作完成的。本节将讲解多边形建模的流程，以及如何将模型转换为可编辑的多边形对象。

4.1.1　多边形建模的流程

多边形建模的强大之处在于，用户可以最大限度地调整对象的顶点、边、面的位置。使用多边形建模就像一个绘制雕塑的过程，一点一点塑造物体的形。使用多边形建模可以最大限度地表现物体的细节。

多边形建模的流程大致可以分为 4 个阶段。

第一阶段是准备阶段，需要准备要创建图形的设计图纸及照片素材等，如图 4-1 所示。

图 4-1

第二阶段是根据设计图纸创建出模型的大体形态，如图 4-2 所示。

第三阶段是在大体形态的基础上进行进一步的调整，制作出模型的细节效果，如图 4-3 所示。

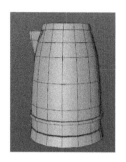

　图 4-2　　　　　　　　　　　　图 4-3

第四阶段是使用平滑修改器调整对象，得到最终的模型效果，如图 4-4 所示。

图 4-4

4.1.2　将模型转换为可编辑的多边形对象

将模型转换为可编辑的多边形对象有两种方法。一种方法是单击编辑模式工具栏中的"转换为可编辑对象"按钮，如图 4-5 所示，然后在"对象"面板中将模型转换为可编辑的多边形对象。

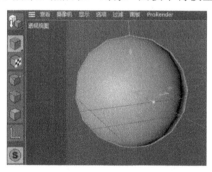

图 4-5

转换前后的"对象"面板如图 4-6 所示。

图 4-6

另一种方法是在选中模型后，按快捷键 C，可以将模型直接转换为可编辑的多边形对象。

4.2 多边形建模的命令

多边形建模是 Cinema 4D 中功能最强大、使用最广泛的建模工具，从简单的家具模型到复杂的产品、角色模型，都可以使用多边形建模来完成。本节将介绍多边形建模的相关命令。

4.2.1 多边形的编辑模式

可编辑的多边形对象有 3 种编辑模式，分别是"点""边""多边形"，在工具栏的左侧可以切换这 3 种模式，如图 4-7 所示。

图 4-7

"点"是位于对象表面上的一些点。图 4-8 所示是在"点"模式下选择对象表面上的点，未选中的点显示为黑色，选中的点显示为橙色。选中了点对象后，可以移动物体的形状进行编辑。

图 4-8

"边"是连接两个点之间的部分。图 4-9 所示为选择对象表面上的"边"。

图 4-9

"多边形"对象是由 3 条或 3 条以上的边所组成的面,它们组成了对象可以编辑的曲面,如图 4-10 所示。

图 4-10

4.2.2 多边形编辑命令详解

可编辑的多边形对象提供了非常多的编辑命令,在使用多边形建模的过程中会反复用到这些命令。本节将详细介绍常用编辑命令的使用方法。

1. "点"模式下的常用编辑命令

在不同的编辑模式下,单击鼠标右键弹出的快捷菜单是不同的。图 4-11 所示是"点"模式下的鼠标右键菜单。

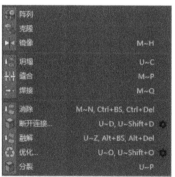

图 4-11

常用编辑命令介绍如下。

- 创建点:在模型的任意位置添加新的点。
- 桥接:将两个断开的点进行连接。
- 封闭多边形孔洞:将多边形孔洞直接封闭。
- 连接点/边:将选中的点或边相连。
- 多边形画笔:在多边形上连接任意的点、边和多边形。
- 线性切割:在多边形上分割新的边。

- 循环/路径切割：沿着多边形的一圈或边添加新的边。
- 倒角：对选中的点进行倒角处理，生成新的边。
- 优化：优化当前模型，可以将多余的点进行合并。

2．"边"模式下的常用编辑命令

图 4-12 所示是"边"模式下的鼠标右键菜单。

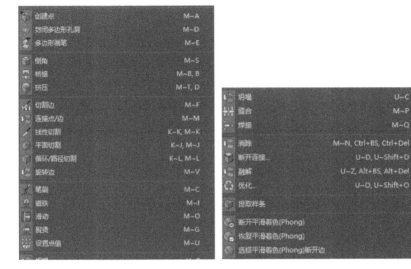

图 4-12

"边"模式下的常用编辑命令和"点"模式下的常用编辑命令大致相同。

3．"多边形"模式下的常用编辑命令

图 4-13 所示是"多边形"模式下的鼠标右键菜单。

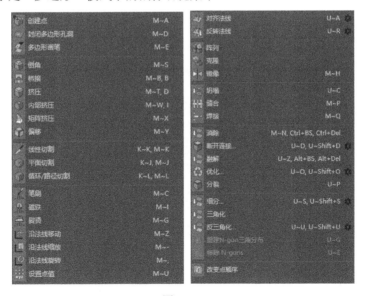

图 4-13

常用编辑命令介绍如下。

- 挤压：将选中的面进行挤压。按 Ctrl 键移动选中的面，可以将其快速挤压。
- 内部挤压：向内挤压选中的面。
- 矩阵挤压：在挤压的同时缩放和旋转挤压出的多边形，可以通过设置次数控制挤压的个数。
- 三角化：将选中的面变形为三角形。

4.3 口红模型的制作

本节介绍圆柱类模型的制作。通过这个简单的案例操作，读者能够熟练掌握多边形建模的使用方法。

打开口红图片素材，如图 4-14 所示。我们来分析一下素材。口红由两部分组成，因此，需要先将模型分开制作，再进行组合。整个模型像一个圆柱，我们先创建圆柱对象，再进行调整。

图 4-14

具体操作步骤如下：

Step 01 在主工具栏中单击"圆柱"按钮，创建圆柱对象，如图 4-15 所示。

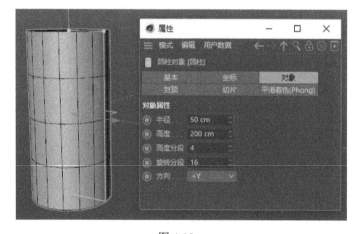

图 4-15

Step 02 调整圆柱的高度，将"高度分段"设置为 1，如图 4-16 所示。在这里需要注意，对象的高度需要和原图进行对比，保持比例关系一致即可。

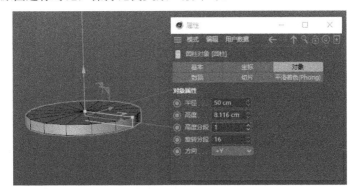

图 4-16

Step 03 按住 Ctrl 键，选择移动工具，按住 *Y* 坐标轴，向上移动复制圆柱，如图 4-17 所示。

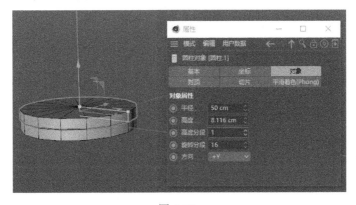

图 4-17

Step 04 按快捷键 C，将圆柱转换为可编辑的多边形对象。选择上面的面，然后选择移动工具，将选中的面向上移动，如图 4-18 所示。

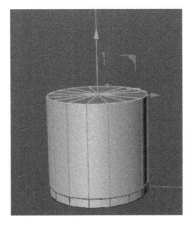

图 4-18

Step 05 单击鼠标右键，在弹出的快捷菜单中选择"倒角"命令，对选中的面进行倒角处理。设置"倒角模式"为"倒棱"，"偏移"为8cm，"挤出"为8cm，按空格键确定，如图4-19所示。

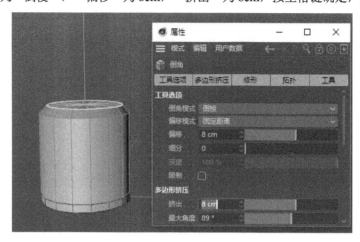

图 4-19

Step 06 选择上面的面，单击鼠标右键，在弹出的快捷菜单中选择"挤压"命令，设置"偏移"为180cm，如图4-20所示。

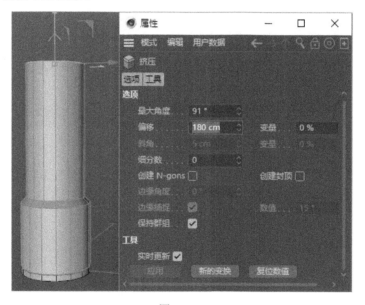

图 4-20

Step 07 按空格键确定。单击鼠标右键，在弹出的快捷菜单中选择"内部挤压"命令，设置"偏移"为6cm，如图4-21所示。

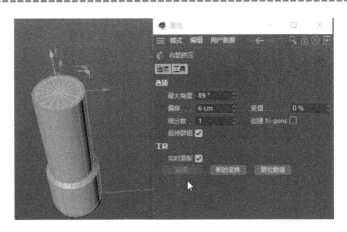

图 4-21

Step 08 按空格键确定。单击鼠标右键，在弹出的快捷菜单中选择"挤压"命令，设置"偏移"为 120cm，如图 4-22 所示。

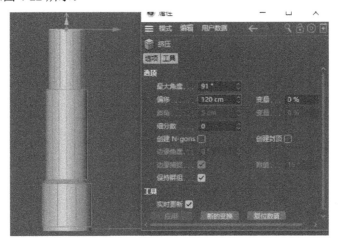

图 4-22

Step 09 按空格键确定。在模式工具栏中选择"边"模式，单击鼠标右键，在弹出的快捷菜单中选择"循环/路径切割"命令，在上面添加 3 条循环边，如图 4-23 所示。

图 4-23

Step 10 在编辑模式工具栏中选择"点"模式，先选择"框选"工具选中顶部的点，再选择"缩放"工具进行缩放，如图 4-24 所示。

图 4-24

Step 11 选择第 2、3 排的点进行缩放，形成边缘为弧形的效果，如图 4-25 所示。

图 4-25

Step 12 创建"立方体"，通过移动工具将其移动到左上角，缩放至合适的大小，并进行旋转，如图 4-26 所示。

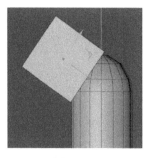

图 4-26

Step 13 单击工具栏中的"布尔"按钮，创建布尔对象，将"立方体"和"圆柱 1"拖动到布尔对象下面，成为布尔对象的子层级，如图 4-27 所示。

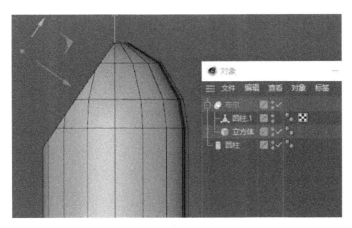

图 4-27

Step 14 在布尔对象的"属性"面板中勾选"创建单个对象"复选框。选择布尔对象，单击鼠标右键，在弹出的快捷菜单中选择"转换为可编辑对象"命令，将布尔对象转换为可编辑的多边形对象，如图 4-28 所示。

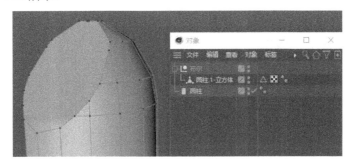

图 4-28

Step 15 单击鼠标右键，在弹出的快捷菜单中选择"多边形画笔"命令。移动点到中心点，对模型上的点进行焊接，如图 4-29 所示。

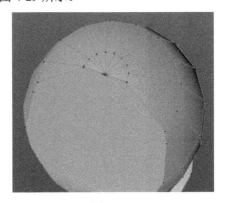

图 4-29

Step 16 "多边形画笔"命令的作用是焊接点，将顶部的点整理干净，焊接后的效果如图 4-30 所示。

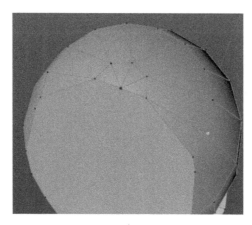

图 4-30

Step 17 在编辑模式工具栏中选择"多边形"模式,在模型上选择切斜的面,如图 4-31 所示。

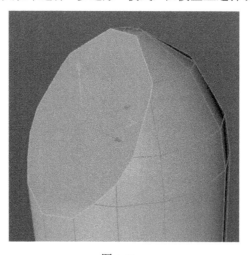

图 4-31

Step 18 单击鼠标右键,在弹出的快捷菜单中选择"内部挤压"命令,对面进行挤压,如图 4-32 所示。

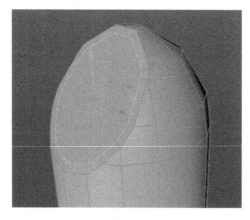

图 4-32

Step 19 在编辑模式工具栏中选择"点"模式，单击鼠标右键，在弹出的快捷菜单中选择"线性切割"命令，对边进行连接，按空格键确定，如图 4-33 所示。

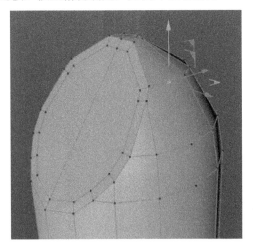

图 4-33

Step 20 再次按空格键，选择"线性切割"命令，对多边形进行水平连接，如图 4-34 所示。

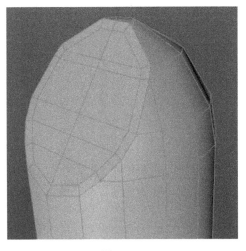

图 4-34

技巧与提示：

在进行线性切割之后按空格键确定，再次按空格键将切换到线性切割工具，再次使用。

Step 21 选择"线性切割"命令，对边缘的点进行连接，给边缘加一圈线，如图 4-35 所示。

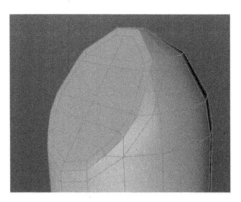

图 4-35

Step 22 单击鼠标右键，在弹出的快捷菜单中选择"滑动"命令，对多边形上的点位置进行移动，如图 4-36 所示。

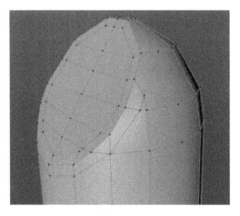

图 4-36

Step 23 在编辑模式工具栏中选择"边"模式，选择模型上的边，如图 4-37 所示。

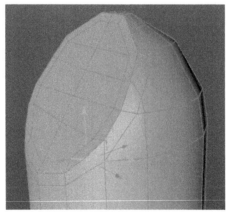

图 4-37

Step 24 单击鼠标右键，在弹出的快捷菜单中选择"消除"命令，删除模型上的边，如图 4-38 所示。

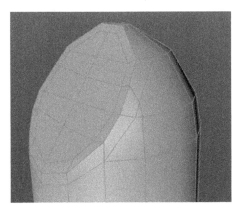

图 4-38

Step 25 单击鼠标右键，在弹出的快捷菜单中选择"线性切割"命令，对线切割一圈，如图 4-39 所示。

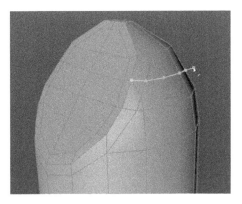

图 4-39

Step 26 选择"多边形画笔"命令，对这里的点进行焊接，如图 4-40 所示。

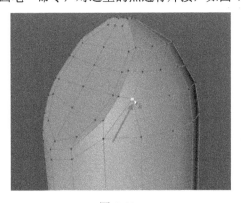

图 4-40

Step 27 选择顶部的边，单击鼠标右键，在弹出的快捷菜单中选择"消除"命令，删除顶部的边，如图 4-41 所示。

图 4-41

Step 28 切换到正视图，在编辑模式工具栏中选择"多边形"模式，选择模型上的部分面，单击鼠标右键，在弹出的快捷菜单中选择"分裂"命令，将上面的模型分离开；再选择原来的模型，按 Delete 键，将上面的模型删除，如图 4-42 所示。

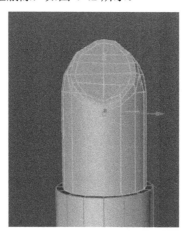

图 4-42

Step 29 选择口红左侧的部分，按 Delete 键删除左侧的面，如图 4-43 所示。

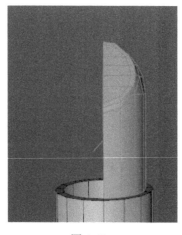

图 4-43

Step 30 选择口红右侧的部分，按 Alt 键，单击主工具栏中的"对称"按钮，复制对称的模型，如图 4-44 所示。

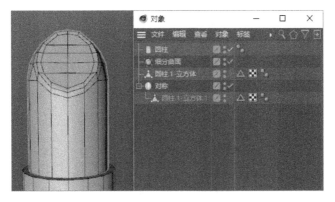

图 4-44

Step 31 选择中间部分模型，单击鼠标右键，在弹出的快捷菜单中选择"分裂"命令，将模型分离；再选择原来的模型，按 Delete 键删除选中的面，如图 4-45 所示。

图 4-45

Step 32 选择底部的圆柱，按 Ctrl 键向右移动，复制模型，如图 4-46 所示。

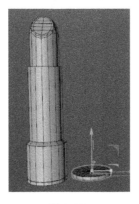

图 4-46

Step 33 按快捷键 C，将复制后的圆柱转换为可编辑的多边形对象。选择顶部的面，将其向上移动，如图 4-47 所示。

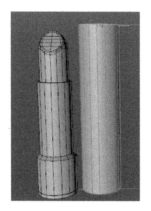

图 4-47

Step 34 单击鼠标右键，在弹出的快捷菜单中选择"倒角"命令，对顶部的面进行倒角处理，如图 4-48 所示。

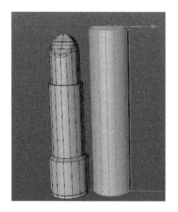

图 4-48

Step 35 选择底部的面，按 Delete 键删除，如图 4-49 所示。

图 4-49

Step 36 选择右侧所有的面，单击鼠标右键，在弹出的快捷菜单中选择"挤压"命令，"偏移"设置为 4cm，勾选"创建封顶"复选框，即可挤压出带有厚度的模型，如图 4-50 所示。

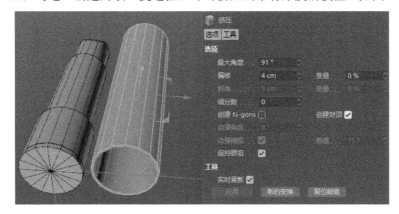

图 4-50

Step 37 下面对模型进行细分。在编辑模式工具栏中选择"边"模式，单击鼠标右键，在弹出的快捷菜单中选择"循环/路径切割"命令，给模型转折的两边各添加一条循环切线，如图 4-51 所示。

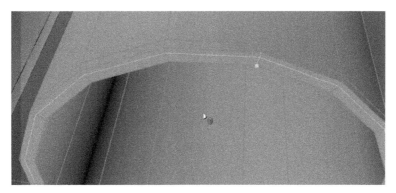

图 4-51

Step 38 同样，在其他转折的位置也添加循环切线，如图 4-52 所示。

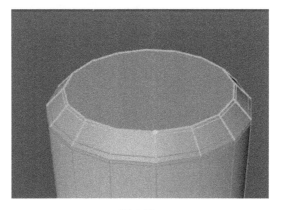

图 4-52

Step 39 在编辑模式工具栏中选择"多边形"模式,选择顶部的三角形面,如图 4-53 所示。

图 4-53

Step 40 单击鼠标右键,在弹出的快捷菜单中选择"内部挤压"命令,这里转折的边就达到了上下各加一条循环边的效果,如图 4-54 所示。

图 4-54

Step 41 选中模型,按 Alt 键,单击工具栏中的"细分曲面"按钮,给模型添加细分曲面效果,如图 4-55 所示。

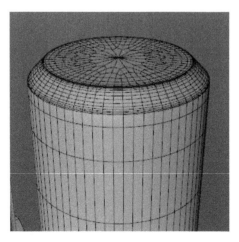

图 4-55

Step 42 在视图窗口的菜单栏中选择"显示"→"光影着色"命令，即可隐藏模型线框，效果如图 4-56 所示。

图 4-56

Step 43 使用同样的方法，对左侧的模型进行卡边处理，给底部的面添加循环边的效果如图 4-57 所示。

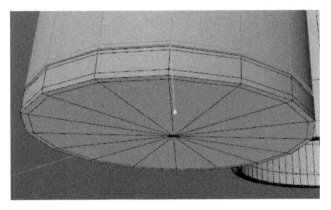

图 4-57

Step 44 同样给上部分模型进行卡边处理，效果如图 4-58 所示。

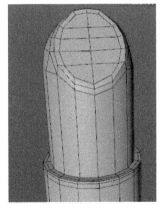

图 4-58

Step 45 选中左侧的模型，按 Alt 键，单击工具栏中的"细分曲面"按钮，给模型添加细分曲面效果，如图 4-59 所示。

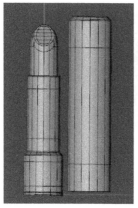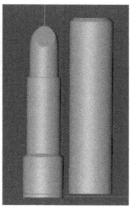

图 4-59

这样就完成了口红模型的制作。

 音箱建模

本节将通过音箱模型的制作，使读者掌握常规模型的制作技巧。

打开音箱图片素材，如图 4-60 所示。从整体来看，这个模型像一个长方体，边缘有圆滑的倒角效果，正面是偏圆形的白色结构，中间是圆形凹进去的结构。

图 4-60

具体操作步骤如下：

Step 01 单击工具栏中的"立方体"按钮，创建立方体对象，拖动高度，使其成为长方体，如图 4-61 所示。

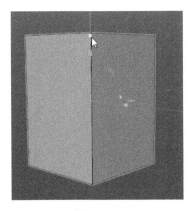

图 4-61

Step 02 在立方体对象的"属性"面板中调整分段,如图 4-62 所示。

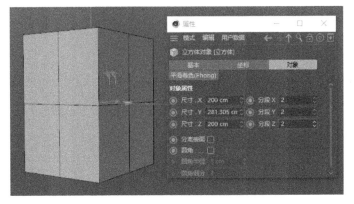

图 4-62

Step 03 按快捷键 C,将长方体转换为可编辑的多边形对象。在编辑模式工具栏中选择"边"模式,选择长方体转折的边,如图 4-63 所示。

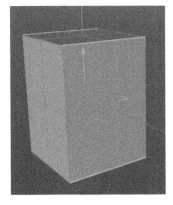

图 4-63

Step 04 单击鼠标右键,在弹出的快捷菜单中选择"倒角"命令,创建倒角效果,如图 4-64 所示。

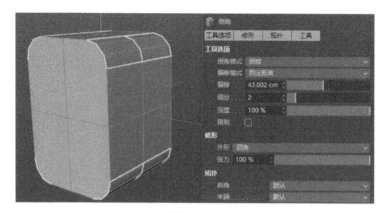

图 4-64

Step 05 按回车键确定。选中背面的一圈边，如图 4-65 所示。

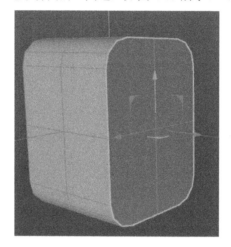

图 4-65

Step 06 再次进行倒角操作，设置"细分"为 1，如图 4-66 所示。

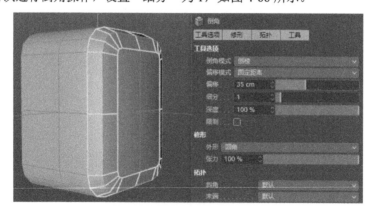

图 4-66

Step 07 选择"框选"工具，对侧面的点进行移动，调整侧面的宽度，如图 4-67 所示。

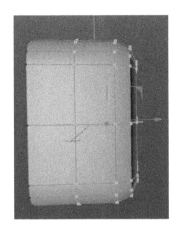

图 4-67

Step 08 选择底部中间的边，向上移动，调整形状，如图 4-68 所示。

图 4-68

Step 09 在工具栏中单击"圆柱"按钮，创建一个圆柱对象，调整圆柱的"高度分段"为 1，如图 4-69 所示。

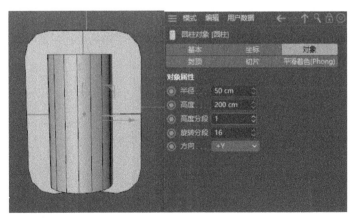

图 4-69

Step 10 按快捷键 C，将圆柱转换为可编辑的多边形对象。选择下面的面，如图 4-70 所示。

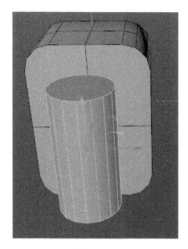

图 4-70

Step 11 按 Delete 键删除选中的面，只保留顶部的面，如图 4-71 所示。

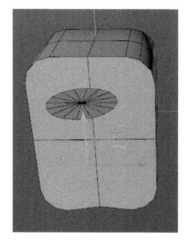

图 4-71

Step 12 选择圆形面片，选择"网格"→"轴心"→"轴居中到对象"命令，将轴心调整到面片的中心，如图 4-72 所示。

图 4-72

Step 13 单击"旋转"按钮，将圆柱旋转 90°，如图 4-73 所示。

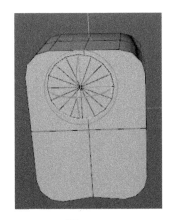

图 4-73

Step 14 选择"缩放"工具，缩放圆形。选中圆形中间的边，如图 4-74 所示。

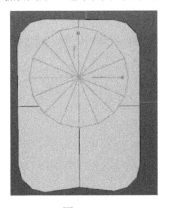

图 4-74

Step 15 单击鼠标右键，在弹出的快捷菜单中选择"倒角"命令，创建倒角效果，如图 4-75 所示。

图 4-75

Step 16 单击鼠标右键，在弹出的快捷菜单中选择"线性切割"命令，将中间连接起来，如图 4-76 所示。

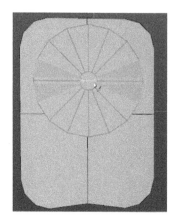

图 4-76

Step 17 选择中间的 3 条边，单击鼠标右键，在弹出的快捷菜单中选择"消除"命令，删除这 3 条边，如图 4-77 所示。

图 4-77

Step 18 在编辑模式工具栏中选择"点"模式，选择下面一半圆形的点，调整位置，如图 4-78 所示。

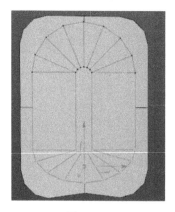

图 4-78

Step 19 单击鼠标右键，在弹出的快捷菜单中选择"多边形画笔"命令，对形状上的点进行合并，如图 4-79 所示。

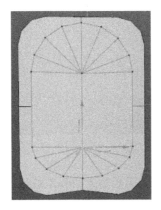

图 4-79

Step 20 打开"对象"面板，单击"圆柱"对象右边的小圆点，显示红色，表示编辑对象隐藏，如图 4-80 所示。

图 4-80

技巧与提示：

红色的圆点表示关闭，绿色的圆点表示开启。

Step 21 选择长方体正面的 4 个面，如图 4-81 所示。

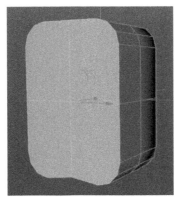

图 4-81

Step 22 单击鼠标右键，在弹出的快捷菜单中选择"内部挤压"命令，挤压面。选择移动工具，将面向里面移动，如图 4-82 所示。

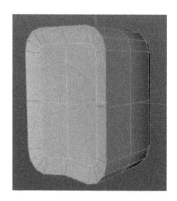

图 4-82

Step 23 开启显示"圆柱"对象，显示效果如图 4-83 所示。

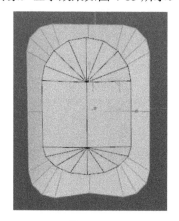

图 4-83

Step 24 选择"圆柱"对象，单击鼠标右键，在弹出的快捷菜单中选择"挤压"命令，挤压出圆柱的厚度，勾选"创建封顶"复选框，如图 4-84 所示。

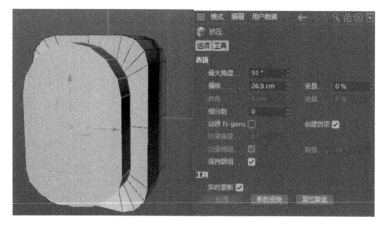

图 4-84

Step 25 按 Ctrl 键向前移动复制一个圆柱形状，这样就有两个圆柱形状，然后隐藏此模型。再移动另一个圆柱形状和长方体形状相交，如图 4-85 所示。

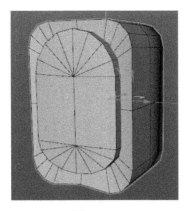

图 4-85

Step 26 单击工具栏中的"布尔"按钮，创建布尔对象。将"立方体 1"和"圆柱"对象拖动成为布尔对象的子层级，将"立方体 1"对象放在"圆柱"对象的上面，这样就可以将中间的形状直接减去，如图 4-86 所示。

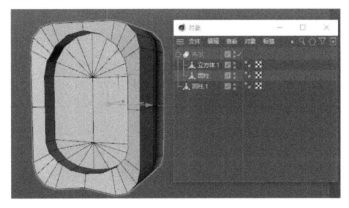

图 4-86

Step 27 选择布尔对象，在"属性"面板中勾选"创建单个对象"复选框。在布尔对象上单击鼠标右键，在弹出的快捷菜单中选择"转换为可编辑对象"命令，将布尔对象转换为可编辑多边形对象，如图 4-87 所示。

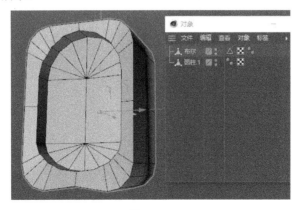

图 4-87

Step 28 在编辑模式工具栏中选择 "点" 模式，单击鼠标右键，在弹出的快捷菜单中选择 "多边形画笔" 命令，对点进行合并，把布线整理干净，如图 4-88 所示。

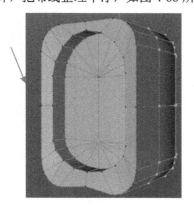

图 4-88

Step 29 单击鼠标右键，在弹出的快捷菜单中选择 "线性切割" 命令，切割边，如图 4-89 所示。

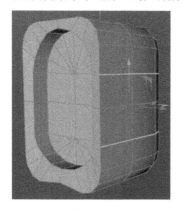

图 4-89

Step 30 选择两侧的断点，单击鼠标右键，在弹出的快捷菜单中选择 "连接点/边" 命令，连接断点，如图 4-90 所示。

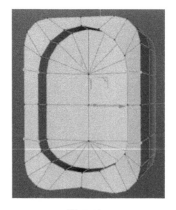

图 4-90

Step 31 切换到背面，看一下模型上的点，如图 4-91 所示。

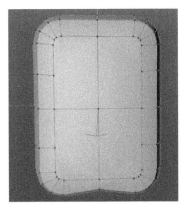

图 4-91

Step 32 单击鼠标右键，在弹出的快捷菜单中选择"线性切割"命令，对背面的点进行连接，如图 4-92 所示。

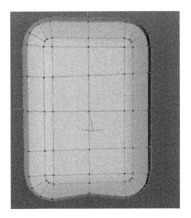

图 4-92

Step 33 选择背面的面，使用"缩放"工具进行缩放，并对背面的顶点进行移动，如图 4-93 所示。

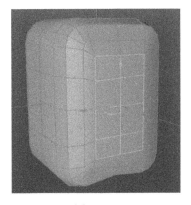

图 4-93

Step 34 单击鼠标右键，在弹出的快捷菜单中选择"滑动"命令，对背面的点进行滑动，如图 4-94 所示。

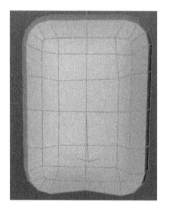

图 4-94

Step 35 单击鼠标右键，在弹出的快捷菜单中选择"多边形画笔"命令，对左上角和右下角的点进行合并，如图 4-95 所示。

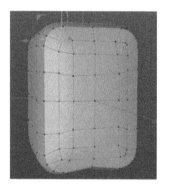

图 4-95

Step 36 在编辑模式工具栏中选择"多边形"模式。选择"框选"工具，框选右侧的一半，按 Delete 删除。再选择模型，按 Alt 键，单击"对称"按钮，将对称复制对象，效果如图 4-96 所示。

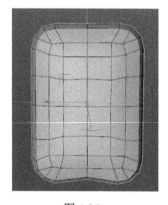

图 4-96

Step 37 旋转视图到模型的正面，单击鼠标右键，在弹出的快捷菜单中选择"循环/路径切割"命令，在正面添加循环边；再选择"线性切割"命令，对正面进行切割，在模型上添加一圈循环边，如图 4-97 所示。

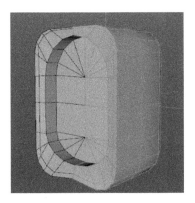

图 4-97

Step 38 选择"线性切割"命令，对正面的转折再进行卡边处理，如图 4-98 所示。

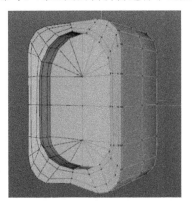

图 4-98

Step 39 选择"线性切割"命令，在凹进去的平面上再卡线一圈，如图 4-99 所示。

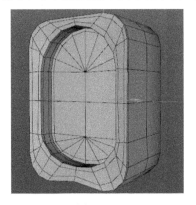

图 4-99

Step 40 打开"对象"面板，单击"圆柱"对象后面的红色按钮，开启之前隐藏的圆柱显示，如图 4-100 所示。

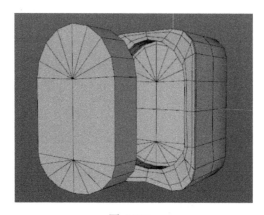

图 4-100

Step 41 单击工具栏中的"圆柱"按钮，创建圆柱对象，调整圆柱的高度，设置"高度分段"为 1，如图 4-101 所示。

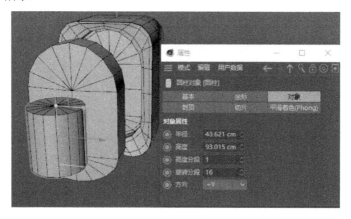

图 4-101

Step 42 旋转圆柱，调整圆柱的半径，如图 4-102 所示。

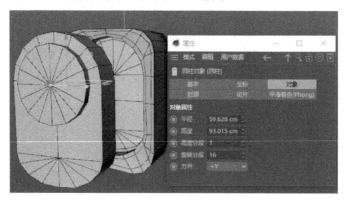

图 4-102

Step 43 选择新的圆柱对象，按 Ctrl 键复制模型，向下移动，调整圆柱的半径，将"旋转分段"设置为 8，如图 4-103 所示。

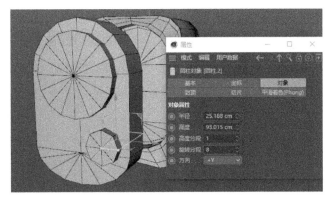

图 4-103

Step 44 选择后面的大圆柱，在编辑模式工具栏中选择"边"模式，单击鼠标右键，在弹出的快捷菜单中选择"循环/路径切割"命令，在形状中间插入一圈线，如图 4-104 所示。

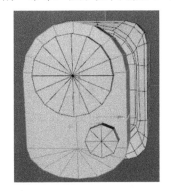

图 4-104

Step 45 在"对象"面板中将正面一大一小的圆柱选中，然后单击鼠标右键，在弹出的快捷菜单中选择"群组"命令，这两个物体就组成了新组。单击主工具栏中的"布尔"按钮，创建布尔对象，将后面的大圆柱和群组拖动到布尔对象下面，这样就产生了布尔运算，如图 4-105 所示。

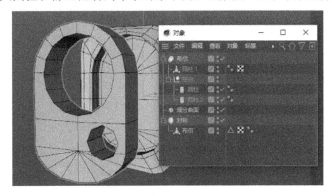

图 4-105

Step 46 在布尔对象的"属性"面板中勾选"创建单个对象"复选框。选择布尔对象，单击鼠标右键，在弹出的快捷菜单中选择"转换为可编辑对象"命令，将布尔对象转换为可编辑的多边形对象，如图 4-106 所示。

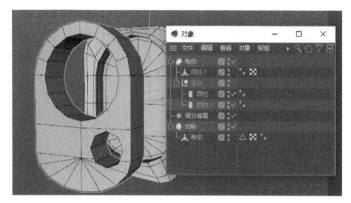

图 4-106

Step 47 选择布尔对象，单击鼠标右键，在弹出的快捷菜单中选择"删除（不包含子级）"命令，这样就将对象解组了。在对象名称上双击可以直接修改名称，输入"正面结构"，如图 4-107 所示。

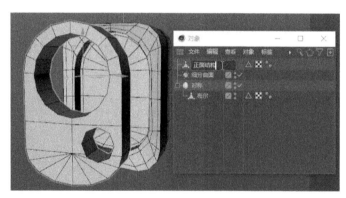

图 4-107

Step 48 选择"正面结构"对象，在编辑模式工具栏中选择"多边形"模式，选择侧面和背面的面，按 Delete 键删除，如图 4-108 所示。

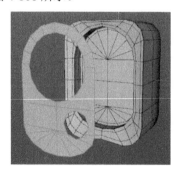

图 4-108

Step 49 在 "点" 模式下，使用 "线性切割" 命令对正面的点进行连接，使用 "多边形画笔" 命令对点进行合并，使用 "消散" 命令删除多余的边，如图 4-109 所示。

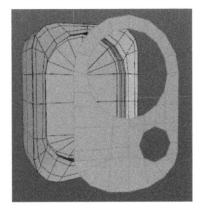

图 4-109

Step 50 在 "边" 模式下，先选择大圆的边，单击鼠标右键，在弹出的快捷菜单中选择 "挤压" 命令，向内部挤压形状；再选择小圆的边，单击鼠标右键，在弹出的快捷菜单中选择 "挤压" 命令，再挤压出一条边，如图 4-110 所示。

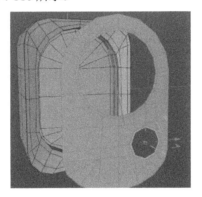

图 4-110

Step 51 选择大圆的边，按 Ctrl 键，再选择移动工具，向后面移动，这样就可以挤压边；选择 "缩放" 工具，将面缩小，如图 4-111 所示。

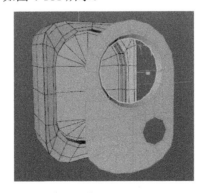

图 4-111

Step 52 选择"缩放"工具，按 Ctrl 键，向内部缩放，这样就可以挤压边，如图 4-112 所示。

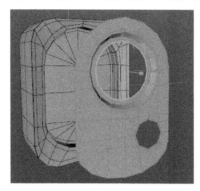

图 4-112

Step 53 按 Ctrl 键，选择移动工具，将选择的边向内部移动，如图 4-113 所示。

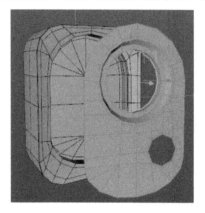

图 4-113

Step 54 使用同样的方法，再挤压 4 次，再向内部挤压和缩放，将里面调整为圆形，如图 4-114 所示。

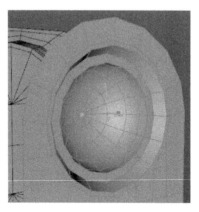

图 4-114

Step 55 选择"框选"工具，选择中间全部的点，单击鼠标右键，在弹出的快捷菜单中选择

"优化"命令，弹出"优化"对话框，将"公差"数值调大，单击"确定"按钮，可以将点合并在一起，如图 4-115 所示。

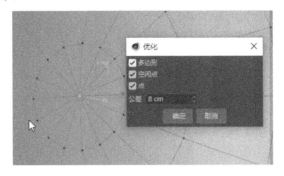

图 4-115

Step 56 选择下面小圆的边，按 Ctrl 键，再选择移动工具，向后移动，挤压边，如图 4-116 所示。

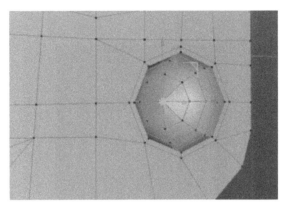

图 4-116

Step 57 再选择里面的点，单击鼠标右键，在弹出的快捷菜单中选择"优化"命令，对中心点进行合并，这样小圆中间的点就合并在一起了，如图 4-117 所示。

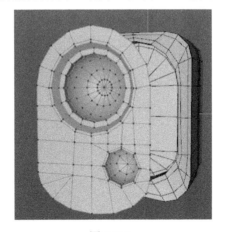

图 4-117

Step 58 选择正面结构的边缘，按 Ctrl 键，向后移动挤压两次，如图 4-118 所示。

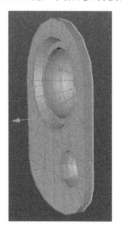

图 4-118

Step 59 单击鼠标右键，在弹出的快捷菜单中选择"线性切割"命令，在正面的转折边缘再卡一圈线，如图 4-119 所示。

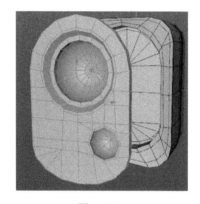

图 4-119

Step 60 单击鼠标右键，在弹出的快捷菜单中选择"循环/路径切割"命令，对大圆的转折边缘进行卡边处理，添加循环边，如图 4-120 所示。

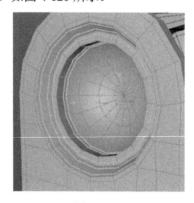

图 4-120

Step 61 再选择"循环/路径切割"命令，给小圆添加循环边，如图 4-121 所示。

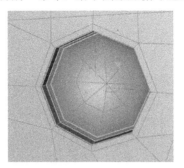

图 4-121

Step 62 选择大圆和小圆中间的循环边，这条边正好是黑色和白色材质的分割线。单击鼠标右键，在弹出的快捷菜单中选择"断开连接"命令，这样就可以将模型分开，如图 4-122 所示。

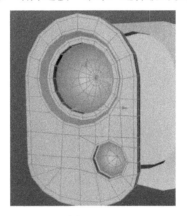

图 4-122

Step 63 在编辑模式工具栏中选择"多边形"模式，在正面结构的面上双击，选择整个模型的面。单击鼠标右键，在弹出的快捷菜单中选择"分离"命令，将模型分开。再按 Delete 键，将选中的面删除。这样就可以将一个模型对象分成两个模型对象，如图 4-123 所示。

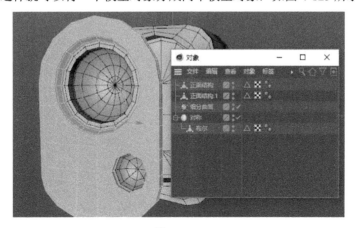

图 4-123

Step 64 在"对象"面板中选择"对称"对象，单击鼠标右键，在弹出的快捷菜单中选择"转换为可编辑对象"命令，将其转换为可编辑的多边形对象。再单击鼠标右键，在弹出的快捷菜单中选择"删除（不包含子级）"命令，这样就将对象解组了。双击对象名称，输入"后面结构"，如图 4-124 所示。

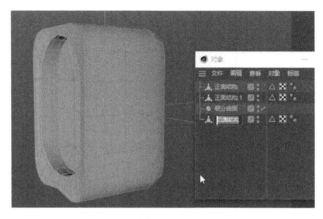

图 4-124

Step 65 主体结构主要由红色材质和黑色材质组成。选择"后面结构"对象，切换到"边"模式，选择"循环/路径切割"命令，添加循环边，如图 4-125 所示。

图 4-125

Step 66 单击鼠标右键，在弹出的快捷菜单中选择"断开连接"命令，将模型断开。切换到"多边形"模式，选择前面的面，如图 4-126 所示。

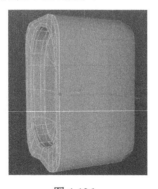

图 4-126

Step 67 单击鼠标右键，在弹出的快捷菜单中选择"分离"命令，将面分离为两部分。选择原来的模型，按 Delete 键，删除选中的部分，这样模型就分成两部分，如图 4-127 所示。

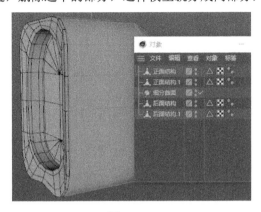

图 4-127

Step 68 选择断开的边缘的边，将面向里面挤压，再选择中间的边，如图 4-128 所示。

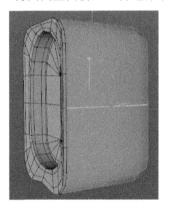

图 4-128

Step 69 单击鼠标右键，在弹出的快捷菜单中选择"倒角"命令，创建倒角效果，设置"偏移"为 2cm，"细分"为 3，如图 4-129 所示。

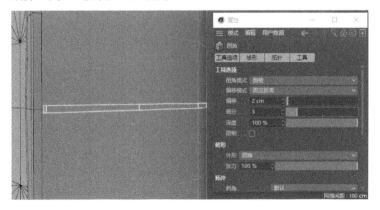

图 4-129

Step 70 选择中间的线进行缩放，这样中间形成一个凹进去的结构，如图 4-130 所示。

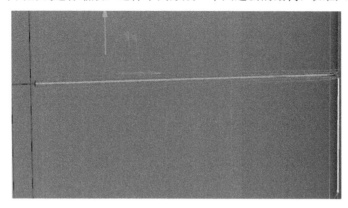

图 4-130

Step 71 选择正面结构，向后移动，组成一个整体，如图 4-131 所示。

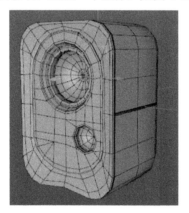

图 4-131

Step 72 选择"后面结构"对象，按 Shift 键，单击变形器工具栏中的"FFD"按钮，给"后面结构"对象添加 FFD 变形器，拖动 FFD 变形器成为"后面结构"对象的子层级，如图 4-132所示。

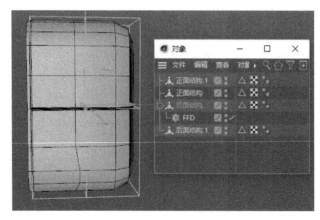

图 4-132

Step 73 调整 FFD 对象的属性，单击"匹配到父级"按钮，调整"纵深网点"为 5，如图 4-133 所示。

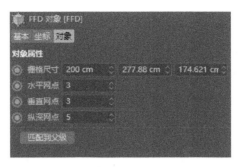

图 4-133

Step 74 选择移动工具，将 FFD 对象的后面调整为弧度形状，如图 4-134 所示。

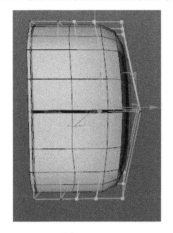

图 4-134

Step 75 在"对象"面板中选择"后面结构"对象，单击鼠标右键，在弹出的快捷菜单中选择"转换为可编辑对象"命令，将其转换为可编辑的多边形对象。这样就会产生一个新的多边形对象，可以将原来的对象隐藏，如图 4-135 所示，或者将带有 FFD 变形器的模型删除。

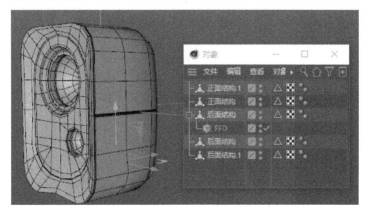

图 4-135

Step 76 在视图窗口中选中模型，按 Alt 键，单击工具栏中的"细分曲面"按钮，给模型添加细分曲面效果，如图 4-136 所示。

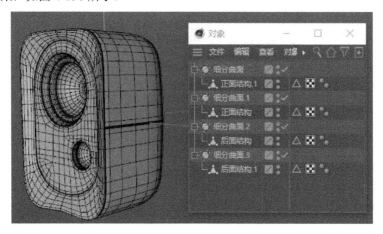

图 4-136

Step 77 在视图窗口的菜单栏中选择"显示"→"光影着色"命令，模型将不显示线框，效果如图 4-137 所示。

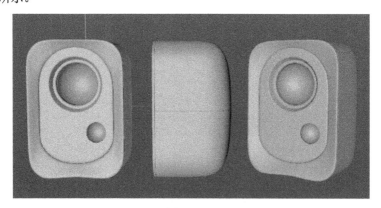

图 4-137

4.5　文字建模

文字建模一般采用文本工具和挤压生成器进行结合操作；也可以通过画笔工具绘制样条；还可以先将文本转换为样条，再进行样条调整，最后结合挤压生成器生成模型。

具体操作步骤如下：

Step 01 选择"文本"工具，创建文本对象，在其"属性"面板"对象"选项卡下的"文本"输入框中输入"11.11"，选择合适的字体，"对齐"选择"中对齐"，如图 4-138 所示。

图 4-138

Step 02 选择文本对象，按 Alt 键，在工具栏中单击"挤压"按钮，给文本挤压出厚度，如图 4-139 所示。

图 4-139

Step 03 在"对象"选项卡下，调整"移动"的 Z 坐标为 50cm，相当于挤压的厚度为 50cm，如图 4-140 所示。

图 4-140

Step 04 设置倒角的"封盖"，"尺寸"为 5cm，"分段"为 5，如图 4-141 所示。

图 4-141

Step 05 单击"载入预设"按钮，弹出"载入预设"面板，在这里可以选择倒角样式。我们选择第 3 个倒角样式，也就是凹进去的效果，如图 4-142 所示。

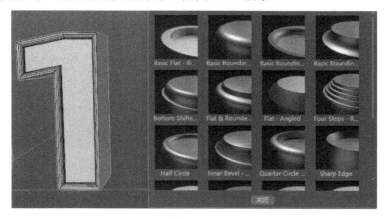

图 4-142

Step 06 选择"文本"工具，向下移动文本的位置，在"属性"面板"对象"选项卡下的"文本"输入框中输入"狂欢盛典"，调整字体，"对齐"选择"中对齐"，如图 4-143 所示。

图 4-143

Step 07 选择文本对象，按 Alt 键，单击工具栏中的"挤压"按钮，在"属性"面板的"对象"选项卡下调整挤压的厚度，如图 4-144 所示。

图 4-144

Step 08 在"封盖"选项卡下调整倒角的"尺寸"和"分段"，如图 4-145 所示。

图 4-145

Step 09 选择"文本"工具，向下移动文本的位置，在"属性"面板"对象"选项卡下的"文本"输入框中输入"汇聚好货　五折开抢"，如图 4-146 所示。

图 4-146

Step 10 选择文本对象，按 Alt 键，单击工具栏中的"挤压"按钮，在"封盖"选项卡下调整倒角的"尺寸"，如图 4-147 所示。

图 4-147

Step 11 选择"矩形"工具，绘制一个矩形形状，向下移动矩形的位置，在"属性"面板的"对象"选项卡下调整矩形的"宽度"和"高度"，勾选"圆角"复选框，这样就创建了一个圆角矩形，如图 4-148 所示。

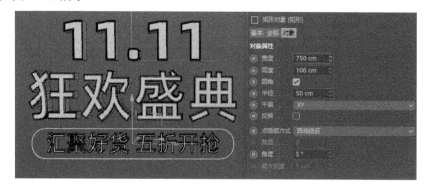

图 4-148

Step 12 选中矩形对象，按 Alt 键，单击工具栏中的"挤压"按钮，在"属性"面板的"对象"选项卡下调整挤压的厚度，如图 4-149 所示。

图 4-149

Step 13 切换到"封盖"选项卡，单击"载入预设"按钮，选中"Flat&Rounde..."倒角样式，如图 4-150 所示。

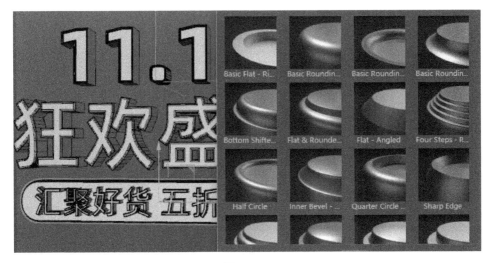

图 4-150

Step 14 这样就完成了文字建模，最终效果如图 4-151 所示。

图 4-151

4.6 Logo 建模

在一般情况下，Logo 建模采用样条绘制结合挤压生成器生成模型。如果 Logo 采用的是文字变形制作的，则可以先将文本转换为曲线，进行曲线编辑，再挤压出厚度。本节将学习文本转曲线制作模型的方法。

具体操作步骤如下：

Step 01 选择"文本"工具，创建文本对象，在"属性"面板"对象"选项卡下的"文本"输入框中输入"99 划算节"，勾选"分隔字母"复选框，如图 4-152 所示。

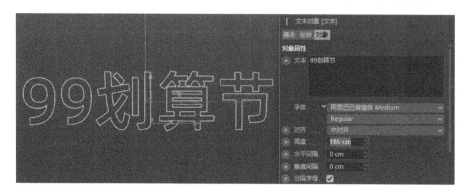

图 4-152

Step 02 按快捷键 C，将文本转换为曲线，如图 4-153 所示。

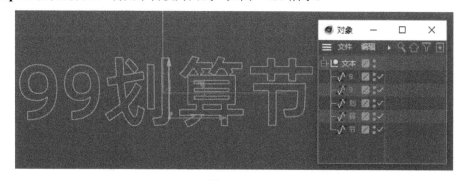

图 4-153

Step 03 有两个 "9" 曲线是一样的，在这里先删除一个 "9"；选择 "9" 曲线，在编辑模式工具栏中选择 "点" 模式，选择 "9" 下部分转折的点，按 Delete 键删除；选择移动工具，调整曲线点，如图 4-154 所示。

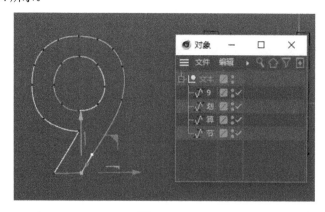

图 4-154

技巧与提示：

多余的点被选中后可以直接按 Delete 键删除。

如果一个点带有控制手柄，则可以按 Shift 键改变手柄方向。

Step 04 我们发现"9"中间的圆有点扭曲，不够圆。选择中间圆上的点，按 Delete 键删除。

Step 05 选择"圆环"工具，再绘制一个圆形，移动位置到"9"的中心，如图 4-155 所示。

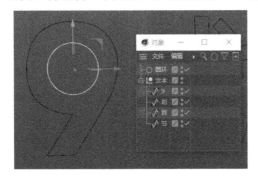

图 4-155

Step 06 在工具栏中单击"样条布尔"按钮，创建"样条布尔"对象，将"圆环"和"9"对象拖动成为"样条布尔"对象的子层级，"样条布尔"对象的模式属性为"A 减 B"，如图 4-156 所示。

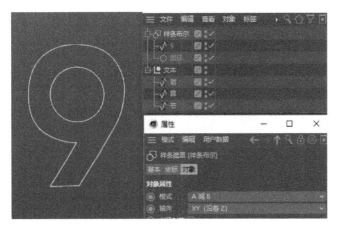

图 4-156

Step 07 选择"样条布尔"对象，按快捷键 C，将其转换为可编辑的多边形对象。在"对象"面板中双击"样条布尔"对象，修改名称为"9"，以便对象识别，如图 4-157 所示。

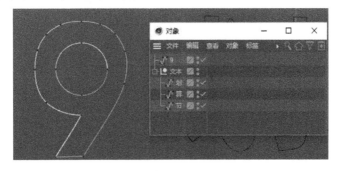

图 4-157

Step 08 选择"9"对象，单击编辑模式工具栏中的"启用轴心"按钮，移动坐标到"9"中间，再单击"启用轴心"按钮，即可改变坐标中心，如图 4-158 所示。

图 4-158

Step 09 选择"9"曲线，按 Ctrl 键复制一个，将这两个"9"曲线作为参考，如图 4-159 所示。

图 4-159

Step 10 选择"样条画笔"工具，重新绘制两个组合起来的"99"，绘制好之后隐藏之前的两个"9"曲线，如图 4-160 所示。

图 4-160

Step 11 选择"划"对象，在编辑模式工具栏中选择"点"模式，选择点进行移动调整，并删除多余的点，如图 4-161 所示。

图 4-161

Step 12 选择"样条画笔"工具，直接绘制"算"字，如图 4-162 所示。

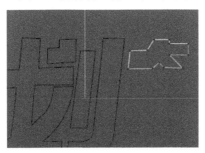

图 4-162

Step 13 选择样条，按 Ctrl 键进行移动复制；切换到"点"模式，再对左侧的点进行调整，如图 4-163 所示。

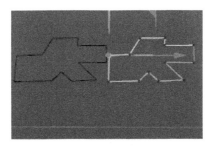

图 4-163

Step 14 选择"样条画笔"工具，绘制下部分结构，如图 4-164 所示。

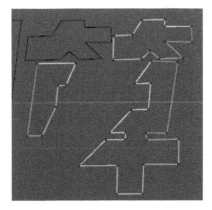

图 4-164

Step 15 选择"样条画笔"工具，绘制中间部分结构，如图 4-165 所示。

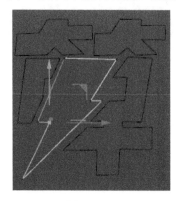

图 4-165

Step 16 在左侧再绘制一个矩形，如图 4-166 所示。

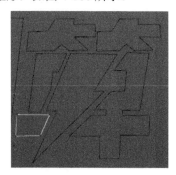

图 4-166

Step 17 "算"字共绘制了 5 个样条对象，如图 4-167 所示。

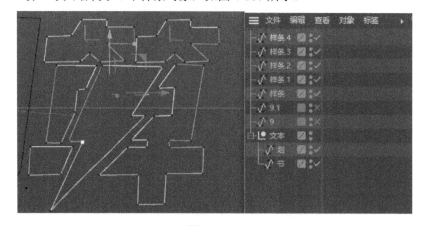

图 4-167

Step 18 在"对象"面板中将 5 个样条对象合并成一个整体。单击工具栏中的"样条布尔"按钮，创建"样条布尔"对象，将"算"字的样条对象拖动成为"样条布尔"对象的子层级，如图 4-168 所示。

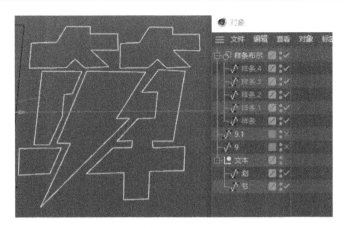

图 4-168

Step 19 选择"样条布尔"对象，按快捷键 C，转换为可编辑的多边形对象。选择"节"对象，在编辑模式工具栏中选择"点"模式，选择移动工具，移动点的位置，如图 4-169 所示。

图 4-169

Step 20 这样就完成了"99 划算节"文字的编辑，如图 4-170 所示。

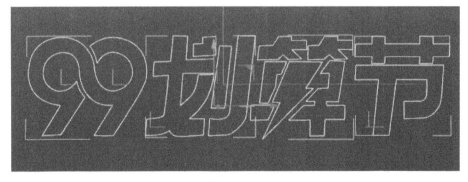

图 4-170

Step 21 单击工具栏中的"挤压"按钮，生成"挤压"对象，将"9"对象拖动成为"挤压"对象的子层级，调整挤压的厚度，如图 4-171 所示。

图 4-171

Step 22 切换到"封盖"选项卡，单击"载入预设"按钮，选择"Bottom Shifte…"倒角样式，这样就完成了对"9"对象的挤压，如图 4-172 所示。

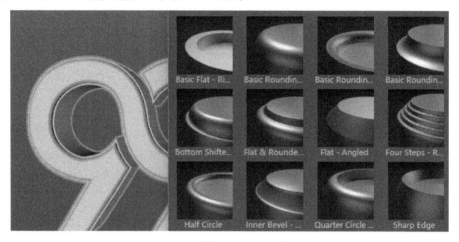

图 4-172

Step 23 使用同样的方法，给其他曲线添加挤压效果，并调整倒角的预设，如图 4-173 所示。

图 4-173

Step 24 这样就完成了 Logo 模型的制作，最终效果如图 4-174 所示。

图 4-174

4.7　不锈钢水壶模型的制作

本节通过学习不锈钢水壶模型的制作，掌握多边形建模的运用。

打开素材，如图 4-175 所示。

图 4-175

这只水壶由 6 部分组成：底座相当于圆柱模型；壶体也相当于圆柱模型，上半部分可以通过点缩放调整大小；壶嘴的形状不规则，可以通过面片来制作；壶盖相当于半球体，可以通过圆柱或球体来制作；把手相当于管状模型，可以通过挤压或点的调整来制作；开关相当于长方体模型。

4.7.1　基本模型制作

通过上面的分析，下面开始基本模型制作。具体操作步骤如下：

Step 01 选择"圆柱"工具，创建圆柱，调整圆柱参数，如图 4-176 所示。

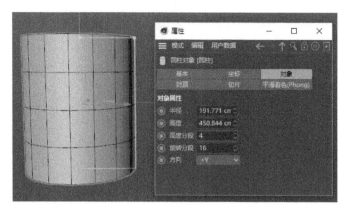

图 4-176

Step 02 按快捷键 C，将圆柱转换为可编辑的多边形对象。在编辑模式工具栏中选择"边"模式，单击鼠标右键，在弹出的快捷菜单中选择"循环/路径切割"命令，在圆柱上插入一条循环边，如图 4-177 所示。

图 4-177

Step 03 在编辑模式工具栏中选择"点"模式，先选择"框选"工具，框选上面的点；再选择"缩放"工具，对选中的点进行缩放，如图 4-178 所示。

图 4-178

Step 04 使用同样的方法，缩放下面的点，如图 4-179 所示。

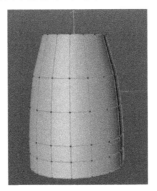

图 4-179

Step 05 在编辑模式工具栏中选择"边"模式，选中刚才插入的循环边，单击鼠标右键，在弹出的快捷菜单中选择"倒角"命令，调整倒角参数，如图 4-180 所示。

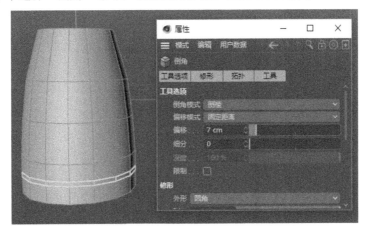

图 4-180

Step 06 在编辑模式工具栏中选择"多边形"模式，选择倒角之间的面，单击鼠标右键，在弹出的快捷菜单中选择"挤压"命令，给模型挤压面，如图 4-181 所示。

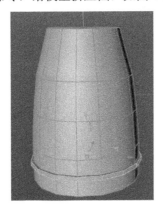

图 4-181

Step 07 单击鼠标右键，在弹出的快捷菜单中选择"循环/路径切割"命令，在上面再插入一条循环边，如图 4-182 所示。

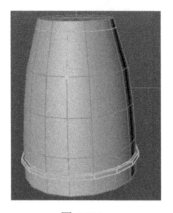

图 4-182

Step 08 在编辑模式工具栏中选择"多边形"模式，选择"框选"工具，框选顶部和底部的面，如图 4-183 所示。

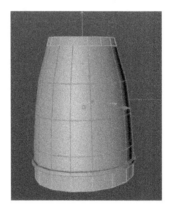

图 4-183

Step 09 单击鼠标右键，在弹出的快捷菜单中选择"分裂"命令，可以将模型分成两个对象；单击原来的对象，按 Delete 键，删除选中的面，如图 4-184 所示。

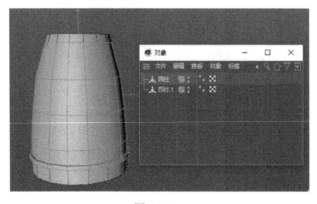

图 4-184

Step 10 选择分裂出来的"圆柱"对象，在编辑模式工具栏中单击"视窗单体独显"按钮，模型将单独显示出来，如图 4-185 所示。

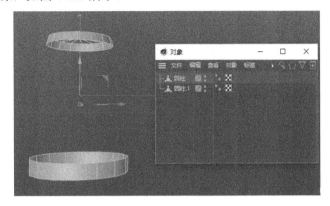

图 4-185

Step 11 在编辑模式工具栏中选择"边"模式，单击鼠标右键，在弹出的快捷菜单中选择"封闭多边形孔洞"命令，对上面和下面的面进行补洞，如图 4-186 所示。

图 4-186

Step 12 单击"关闭视窗独显"按钮，模型将显示出来。

Step 13 选择"圆柱"工具，创建圆柱，调整圆柱的"高度分段"为 1，如图 4-187 所示。

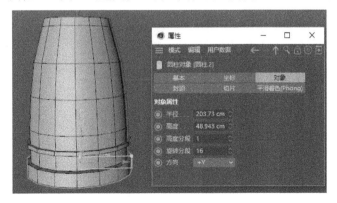

图 4-187

Step 14 按快捷键 C，将圆柱转换为可编辑的多边形对象。选择"框选"工具，框选上面的点；选择"缩放"工具，对点进行缩放，将底座制作成倾斜面的效果，如图 4-188 所示。

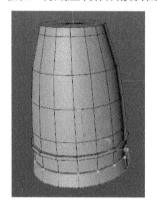

图 4-188

Step 15 旋转视图到侧面，选择侧面上的面，这些面在壶嘴的位置，如图 4-189 所示。

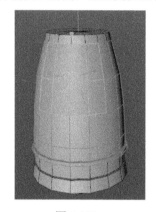

图 4-189

Step 16 单击鼠标右键，在弹出的快捷菜单中选择"分裂"命令，将模型分开。

Step 17 单击鼠标右键，在弹出的快捷菜单中选择"线性切割"命令，在模型上切割出壶嘴的形状，如图 4-190 所示。

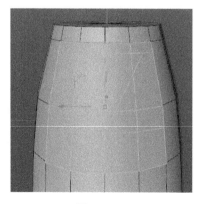

图 4-190

Step 18 切换到"多边形"模式，将多余的面删除，保留壶嘴一半的形状，如图 4-191 所示。

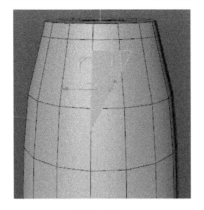

图 4-191

Step 19 单击鼠标右键，在弹出的快捷菜单中选择"线性切割"命令，在上面添加线，如图 4-192 所示。

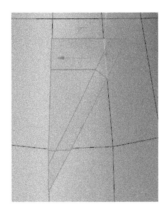

图 4-192

Step 20 对于不需要的边，单击鼠标右键，在弹出的快捷菜单中选择"消除"命令即可删除，如图 4-193 所示。

图 4-193

Step 21 选择中间的点，向外移动，调整壶嘴的形状，如图 4-194 所示。

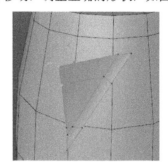

图 4-194

Step 22 选择"线性切割"命令，再给壶嘴切割一条边，并调整位置，如图 4-195 所示。

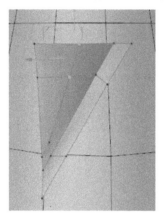

图 4-195

Step 23 选择模型，按 Alt 键，选择"对称"工具，"镜像平面"选择"XY"，给壶嘴对称出另一半，如图 4-196 所示。

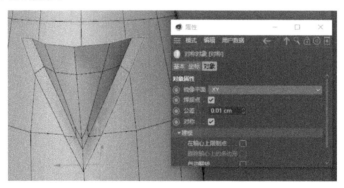

图 4-196

Step 24 在"对象"面板中选择"对称"对象，单击鼠标右键，在弹出的快捷菜单中选择"转换为可编辑对象"命令，将模型转换为可编辑的多边形对象；再次单击鼠标右键，在弹出的快捷菜单中选择"删除（不包括子级）"命令。

Step 25 选择壶嘴，切换到"多边形"模式，选择所有的面，单击鼠标右键，在弹出的快捷菜单中选择"挤压"命令，勾选"创建封顶"复选框，挤压模型，如图 4-197 所示。

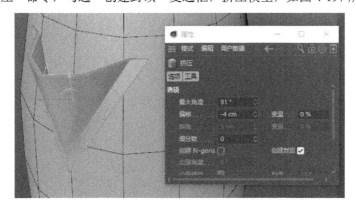

图 4-197

Step 26 回到壶体，在编辑模式工具栏中选择"边"模式，在壶嘴对应中间位置再插入一条循环边，如图 4-198 所示。

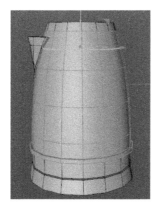

图 4-198

Step 27 下面制作壶盖模型。选择"圆柱"工具，创建圆柱，调整圆柱的大小，设置"高度分段"为 1，效果如图 4-199 所示。

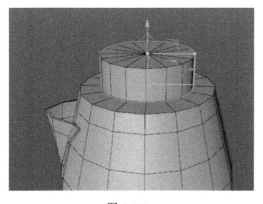

图 4-199

Step 28 按快捷键 C，将圆柱转换为可编辑的多边形对象。在编辑模式工具栏中选择"多边形"模式，先删除模型的顶部和底部，再删除模型左侧的一半，如图 4-200 所示。

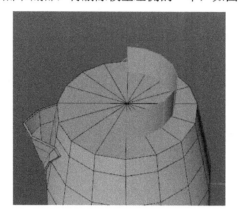

图 4-200

Step 29 选择模型的边，按 Ctrl 键，使用移动工具将边向左移动，挤压边，如图 4-201 所示。

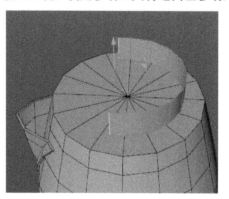

图 4-201

Step 30 单击鼠标右键，在弹出的快捷菜单中选择"桥接"命令，拖动一条边到另一条边，生成面，如图 4-202 所示。

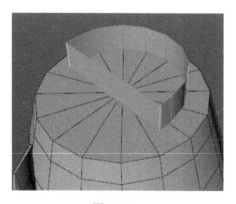

图 4-202

Step 31 单击鼠标右键,在弹出的快捷菜单中选择"封闭多边形孔洞"命令,封闭模型的顶部,如图 4-203 所示。

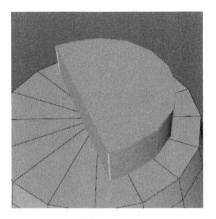

图 4-203

Step 32 单击鼠标右键,在弹出的快捷菜单中选择"线性切割"命令,在模型的顶部添加线,如图 4-204 所示。

图 4-204

Step 33 在编辑模式工具栏中选择"点"模式,将模型的顶部调整为曲面效果,如图 4-205 所示。

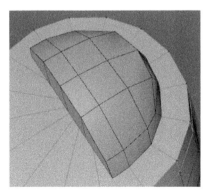

图 4-205

Step 34 在编辑模式工具栏中选择"多边形"模式，选择侧面的两个面，如图 4-206 所示。

图 4-206

Step 35 按 Ctrl 键，选择移动工具，挤压模型，如图 4-207 所示。

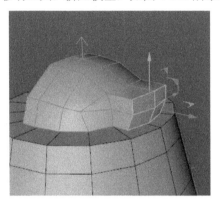

图 4-207

Step 36 按 Ctrl 键，选择移动工具，再次挤压模型，如图 4-208 所示。

图 4-208

Step 37 单击"视窗单体独显"按钮，单独显示选中的模型，再选择下面的 4 个面，如图 4-209 所示。

图 4-209

Step 38 按 Ctrl 键，选择移动工具，挤压模型，再调整点的位置，如图 4-210 所示。

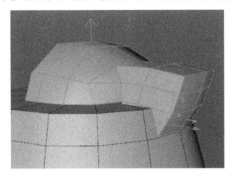

图 4-210

Step 39 创建立方体，并调整至合适的大小，如图 4-211 所示。

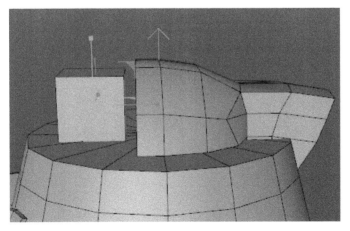

图 4-211

Step 40 按快捷键 C，将立方体转换为可编辑的多边形对象。在编辑模式工具栏中选择"点"模式，选择所有的点，选择"缩放"工具，对模型进行缩放，如图 4-212 所示。

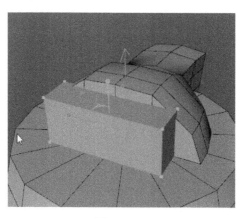

图 4-212

Step 41 选择上面的边，单击鼠标右键，在弹出的快捷菜单中选择"倒角"命令，创建倒角效果，如图 4-213 所示。

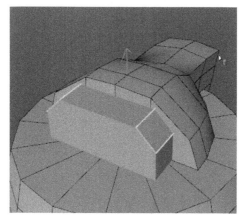

图 4-213

Step 42 单击鼠标右键，在弹出的快捷菜单中选择"线性切割"命令，在模型中间连接一条边，如图 4-214 所示。

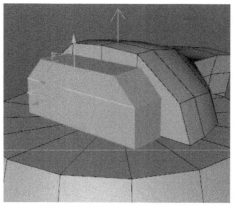

图 4-214

Step 43 在编辑模式工具栏中选择"点"模式，对模型的形状进行调整，如图 4-215 所示。

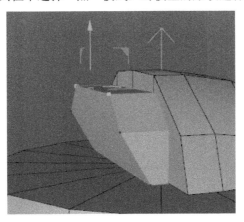

图 4-215

Step 44 单击鼠标右键，在弹出的快捷菜单中选择"循环/路径切割"命令，添加一条循环边，如图 4-216 所示。

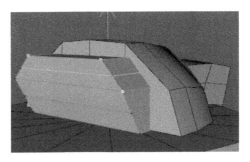

图 4-216

Step 45 在编辑模式工具栏中选择"点"模式，调整点的位置，这样就完成了顶部模型的制作，如图 4-217 所示。

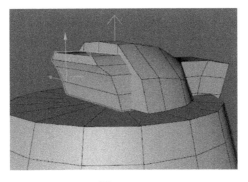

图 4-217

Step 46，下面制作右侧的把手模型。选择中间的壶体，在编辑模式工具栏中选择"多边形"模式，选择右侧的面，如图 4-218 所示。

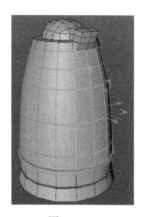

图 4-218

Step 47 单击鼠标右键，在弹出的快捷菜单中选择"分裂"命令，将模型分裂成两个对象；选择下面的两条边，进行挤压，如图 4-219 所示。

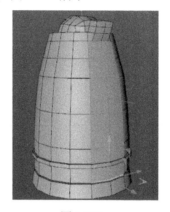

图 4-219

Step 48 单击鼠标右键，在弹出的快捷菜单中选择"循环/路径切割"命令，在模型上插入一条循环边，如图 4-220 所示。

图 4-220

Step 49 在编辑模式工具栏中选择"多边形"模式，删除多余的面，只保留左侧的面，如图 4-221 所示。

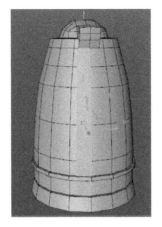

图 4-221

Step 50 在编辑模式工具栏中选择"点"模式，选择中间的点，向右移动，如图 4-222 所示。

图 4-222

Step 51 在编辑模式工具栏中选择"边"模式，在模型上插入一条循环边，并移动边的位置，如图 4-223 所示。

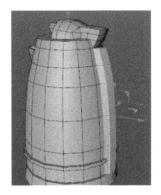

图 4-223

Step 52 单击鼠标右键，在弹出的快捷菜单中选择"循环/路径切割"命令，在下面添加 4 条循环边，如图 4-224 所示。

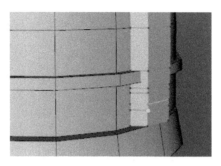

图 4-224

Step 53 单击鼠标右键，在弹出的快捷菜单中选择"路径切割"命令，在模型上切割边，如图 4-225 所示。

图 4-225

Step 54 选择中间的面，向内移动，产生凹槽效果，如图 4-226 所示。

图 4-226

Step 55 选择模型，按 Alt 键，单击工具栏中的"对称"按钮，创建对称模型，"镜像平面"选择"XY"，效果如图 4-227 所示。

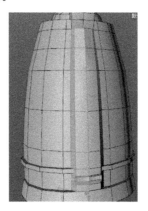

图 4-227

Step 56 选择顶部的模型，切换到"多边形"模式，选择面，如图 4-228 所示。

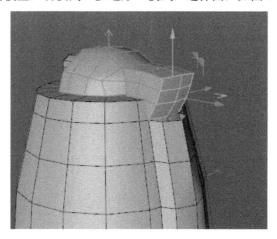

图 4-228

Step 57 按 Ctrl 键，选择移动工具，挤压面，如图 4-229 所示。

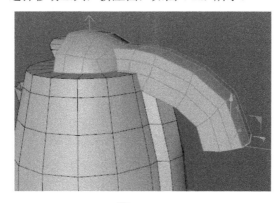

图 4-229

Step 58 使用同样的方法，挤压模型，如图 4-230 所示。

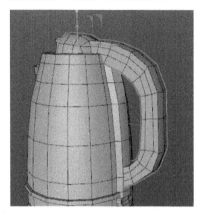

图 4-230

Step 59 切换到"多边形"模式，选择右侧一半的面，然后删除面，如图 4-231 所示。

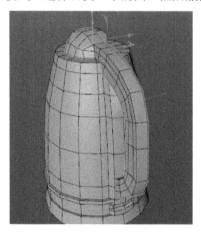

图 4-231

Step 60 切换到"点"模式，对模型上的点进行调整，如图 4-232 所示。

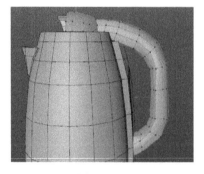

图 4-232

Step 61 可以看到中间部分的线比较密。单击鼠标右键，在弹出的快捷菜单中选择"多边形画笔"命令，焊接一部分点，如图 4-233 所示。

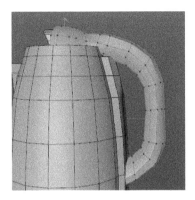

图 4-233

Step 62 选择把手模型，按 Alt 键，单击工具栏中的"对称"按钮，创建对称模型，如图 4-234 所示。

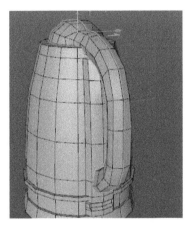

图 4-234

Step 63 按快捷键 C，将对称模型转换为可编辑的多边形对象。选择右侧的把手模型，先隐藏其他模型，如图 4-235 所示。

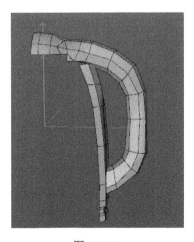

图 4-235

Step 64 这两部分模型都是黑色材质，需要将模型合并到一起，将上面的点向上移动，穿插在模型里面，如图 4-236 所示。

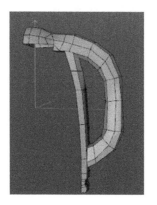

图 4-236

Step 65 单击工具栏中的"布尔"按钮，创建布尔对象。将两个模型拖动成为布尔对象的子层级，选择"布尔类型"为"A 加 B"，勾选"创建单个对象"复选框，如图 4-237 所示。

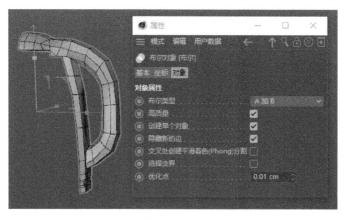

图 4-237

Step 66 选择布尔对象，按快捷键 C，将其转换为可编辑的多边形对象。切换到"多边形"模式，选择"框选"工具，选择一半的面，如图 4-238 所示。

图 4-238

Step 67 删除选中的面，对剩下的面进行调整，如图 4-239 所示。

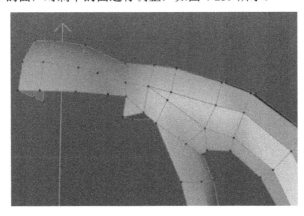

图 4-239

Step 68 单击鼠标右键，在弹出的快捷菜单中选择"线性切割"命令，对上面的点再次切割整理，如图 4-240 所示。

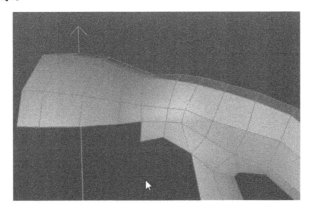

图 4-240

Step 69 再来观察底部的面，如图 4-241 所示。

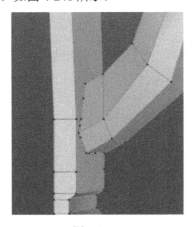

图 4-241

Step 70 单击鼠标右键，在弹出的快捷菜单中选择"线性切割"命令，对面的布线进行调整；对于面上多余的点，选择"多边形画笔"命令进行合并，如图 4-242 所示。

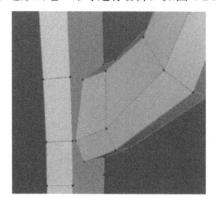

图 4-242

Step 71 选择模型，按 Alt 键，单击工具栏中的"对称"按钮，创建对称模型，"镜像平面"选择"XY"，效果如图 4-243 所示。

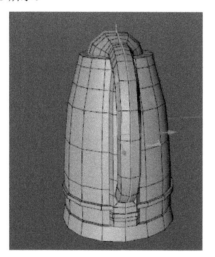

图 4-243

Step 72 下面制作水壶的开关。创建立方体，并调整至合适的大小，如图 4-244 所示。

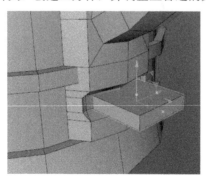

图 4-244

Step 73 按快捷键 C，将模型转换为可编辑的多边形对象。

Step 74 至此，基本模型制作完成，效果如图 4-245 所示。

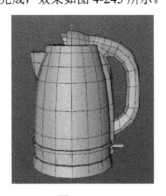

图 4-245

4.7.2　细分模型

下面给模型添加细分曲面，使模型变得光滑。在这里主要针对转折的边缘进行卡边处理，即针对转折的边缘各加一条边。

具体操作步骤如下：

Step 01 选择底座模型，单击"视窗单体独显"按钮，单独显示底座模型，如图 4-246 所示。

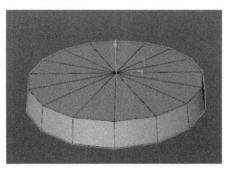

图 4-246

Step 02 在编辑模式工具栏中选择"边"模式，单击鼠标右键，在弹出的快捷菜单中选择"循环/路径切割"命令，给模型转折的边缘插入循环边，转折位置保持 3 条边，如图 4-247 所示。

图 4-247

Step 03 选择底座模型，按 Alt 键，单击工具栏中的"细分曲面"按钮，给模型添加细分曲面效果，如图 4-248 所示。

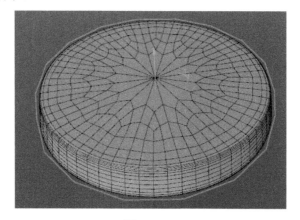

图 4-248

Step 04 在视图窗口的菜单栏中选择"显示"→"光影着色"命令，模型将不显示线框，如图 4-249 所示。

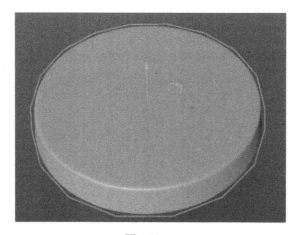

图 4-249

Step 05 选择底座模型的另一部分，如图 4-250 所示。

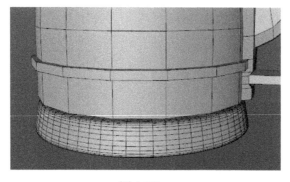

图 4-250

Step 06 在编辑模式工具栏中单击"启用视窗独显"按钮，显示选择的模型，如图 4-251 所示。

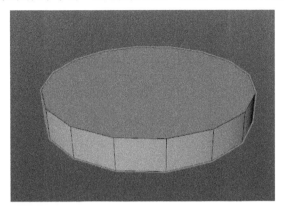

图 4-251

Step 07 我们需要对上下转折的边进行卡线处理。切换到"边"模式，单击鼠标右键，在弹出的快捷菜单中选择"循环/路径切割"命令，给模型添加循环边，如图 4-252 所示。

图 4-252

Step 08 切换到"多边形"模式，选择顶部的面，单击鼠标右键，在弹出的快捷菜单中选择"内部挤压"命令，进行内部挤压，如图 4-253 所示。

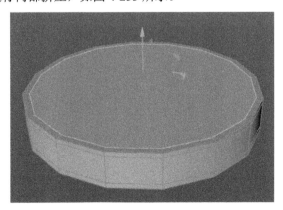

图 4-253

Step 09 选择底部的面，进行内部挤压。

Step 10 选择模型，单击工具栏中的"细分曲面"按钮，给模型添加细分曲面效果，如图 4-254 所示。

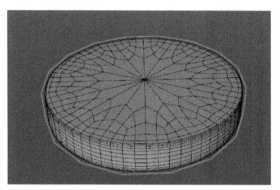

图 4-254

Step 11 选择壶体部分，如图 4-255 所示。

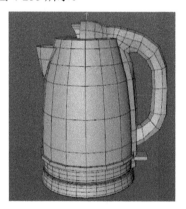

图 4-255

Step 12 在编辑模式工具栏中单击"视窗单体独显"按钮，单独显示壶体部分，如图 4-256 所示。

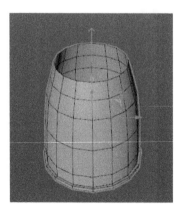

图 4-256

Step 13 在编辑模式工具栏中选择"边"模式，单击鼠标右键，在弹出的快捷菜单中选择"封闭多边形孔洞"命令，对壶体底部进行封闭，如图 4-257 所示。

图 4-257

Step 14 切换到"多边形"模式，选择所有的面，单击鼠标右键，在弹出的快捷菜单中选择"挤压"命令，勾选"创建封顶"复选框，给模型挤压出厚度，如图 4-258 所示。

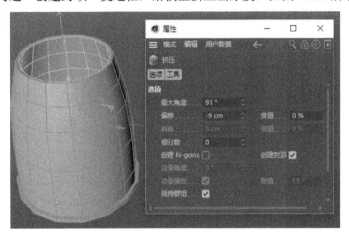

图 4-258

Step 15 切换到"边"模式，单击鼠标右键，在弹出的快捷菜单中选择"循环/路径切割"命令，添加循环边，对转折的位置进行卡线处理，如图 4-259 所示。

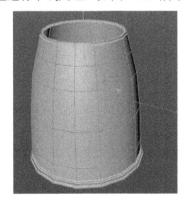

图 4-259

Step 16 选择壶体模型，添加细分曲面效果，如图 4-260 所示。

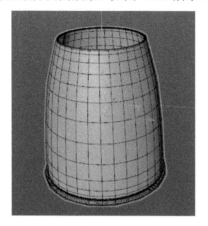

图 4-260

Step 17 下面给壶嘴添加细分曲面效果。选择壶嘴结构，如图 4-261 所示。

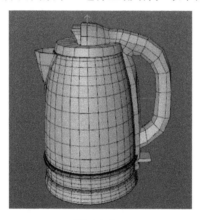

图 4-261

Step 18 在编辑模式工具栏中单击"视窗单体独显"按钮，单独显示壶嘴，如图 4-262 所示。

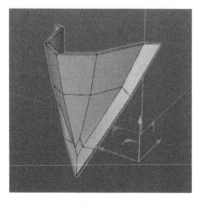

图 4-262

Step 19 在编辑模式工具栏中选择"边"模式，单击鼠标右键，在弹出的快捷菜单中选择"循环/路径切割"命令,对壶嘴进行卡边处理,如图 4-263 所示。

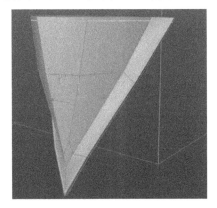

图 4-263

Step 20 给壶嘴添加细分曲面效果,如图 4-264 所示。

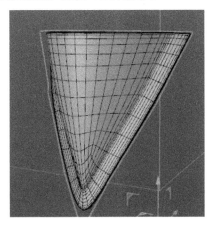

图 4-264

Step 21 下面对顶部盖子进行卡线处理。和底座的操作方法一样,给顶部盖子添加循环边,如图 4-265 所示。

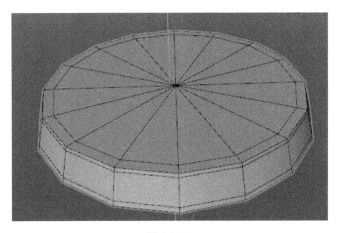

图 4-265

Step 22 给顶部盖子添加细分曲面效果，如图 4-266 所示。

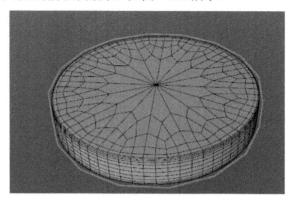

图 4-266

Step 23 下面对顶部盖子和把手一起进行卡边处理。对于这两个模型，之前是合并到一起调整形状的，如图 4-267 所示。

图 4-267

Step 24 在编辑模式工具栏中单击"视窗单体独显"按钮，模型将单独显示。切换到"边"模式，对模型进行卡边处理，把盖子和把手之间的点向内调整，制作凹进去的效果，如图 4-268 所示。当然，也可以将模型分开。

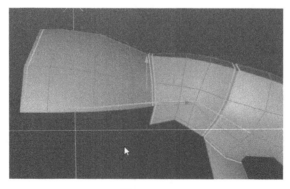

图 4-268

Step 25 给底部转折的位置添加循环边，如图 4-269 所示。

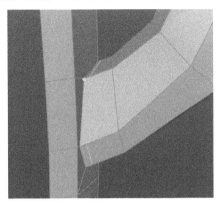

图 4-269

Step 26 对底部的线进行调整，如图 4-270 所示。

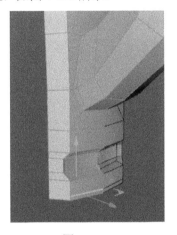

图 4-270

Step 27 选择模型，添加细分曲面效果，如图 4-271 所示。

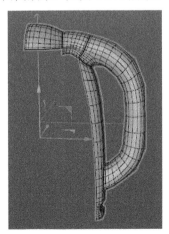

图 4-271

Step 28 选择顶部盖子模型，如图 4-272 所示。

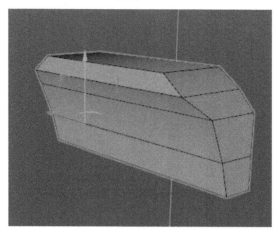

图 4-272

Step 29 在编辑模式工具栏中选择"边"模式，对模型进行卡边处理，如图 4-273 所示。

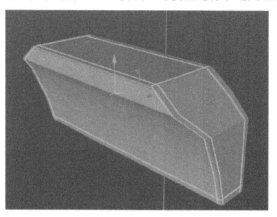

图 4-273

Step 30 给模型添加细分曲面效果，如图 4-274 所示。

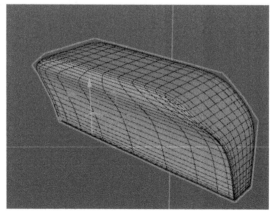

图 4-274

Step 31 选择底部开关模型，如图 4-275 所示。

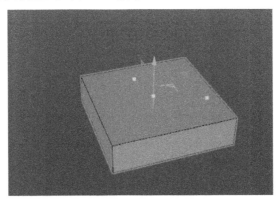

图 4-275

Step 32 在编辑模式工具栏中选择"边"模式，单击鼠标右键，在弹出的快捷菜单中选择"循环/路径切割"命令，对模型进行切割，如图 4-276 所示。

图 4-276

Step 33 给模型添加细分曲面效果，如图 4-277 所示。

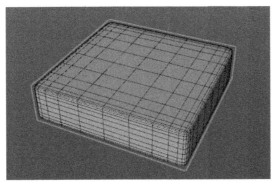

图 4-277

Step 34 在编辑模式工具栏中单击"关闭视窗独显"按钮，所有模型将显示出来，如图 4-278 所示。

图 4-278

Step 35 在视图窗口的菜单栏中选择"显示"→"光影着色"命令,隐藏模型的线框,最终效果如图 4-279 所示。

图 4-279

第5章　灯光与摄像机的运用

我们在生活中之所以能够观察到各种物体的形状和色彩，是因为有光线的传播。灯光在三维制作中起着非常重要的作用，它可以用来烘托场景的氛围，使效果更加趋近真实的世界。在Cinema 4D 中提供了各种类型的灯光，并且包含众多参数。Cinema 4D 中的摄像机和现实生活中的摄像机在许多方面是完全相同的。

5.1　灯光介绍

本节将讲解 Cinema 4D 中的灯光技术，通过了解灯光的属性和学习灯光工具，可以模拟出各式各样的灯光效果。

5.1.1　灯光类型

下面来了解一下 Cinema 4D 中的灯光类型。单击工具栏中的"灯光"按钮，会弹出灯光工具栏，如图 5-1 所示。

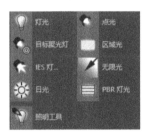

图 5-1

1. 灯光

灯光是 Cinema 4D 中常用的灯光，光源从一个点向四周发射出来，相当于灯泡的效果，如图 5-2 所示。

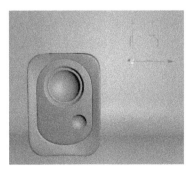

图 5-2

移动灯光的位置，会发现场景中出现明暗的变化。灯光离物体对象越远，照亮的范围越大。

2. 点光

点光指光线向一个方向照亮，也可以称为"聚光灯"，类似于手电筒或舞台灯光。在创建点光后，可以看到灯光呈圆锥形状显示，如图 5-3 所示。

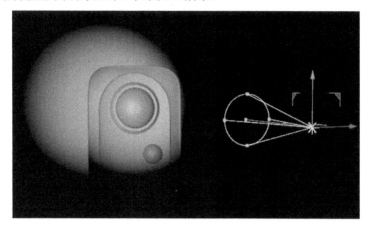

图 5-3

选择"点光"对象，可以看到圆锥底部有 5 个黄点，中心的黄点用于调整点光的光束长度，圆上的黄点用于调整点光的照射范围。

提示：默认创建好的点光位于坐标原点。如果想让灯光照射在物体对象上，则需要通过移动和旋转工具调整灯光的位置和方向。

3. 目标聚光灯

目标聚光灯和点光创建的灯光形状一样。在创建目标聚光灯之后，在"对象"面板中将出现一个"灯光.目标.1"对象，在灯光上将出现一个"目标表达式"标签。通过"目标表达式"标签和"灯光.目标.1"对象来改变灯光照射的对象，调节起来方便、快捷，如图 5-4 所示。

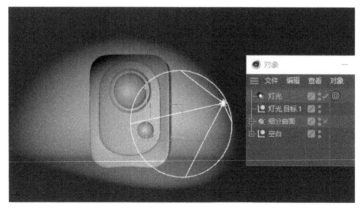

图 5-4

4．区域光

区域光指光线沿着一个区域向周围各个方向发射。区域光有一个规则的照射平面，用来模拟室内来自窗户的天光，区域也可以作为反光板。在创建区域光后，显示的是矩形区域，如图 5-5 所示。

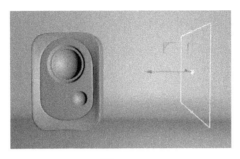

图 5-5

5．IES 灯光

IES 文件就是光源（灯具）配光曲线文件的格式，因为它的扩展名是.ies。在 Cinema 4D 中创建 IES 灯光时，会弹出一个对话框，提示加载 IES 文件。从素材中选择"11.ies"文件，选择"旋转"工具，调整灯光方向，效果如图 5-6 所示。

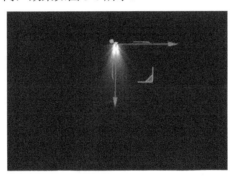

图 5-6

6．无限光

无限光指光线沿着某个方向平行发射，没有距离限制。无限光一般用来模拟太阳光。无论物体位于无限光的什么位置，只要位于光线的发射方向上，物体表面就会被照亮，如图 5-7 所示。

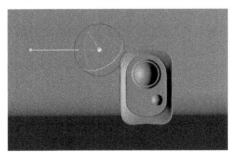

图 5-7

7. 日光

日光带有方向性，用于模拟太阳光。日光的属性和灯光的属性相似，只是多了一个"太阳"选项卡，用于调整不同日期、纬度、经度的太阳光效果，如图 5-8 所示。

图 5-8

8. PBR 灯光

PBR 灯光类似于区域光，默认开启了衰减和区域阴影，如图 5-9 所示。

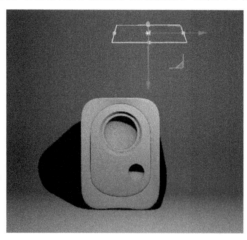

图 5-9

9. 照明工具

在灯光工具栏中单击"照明工具"按钮，在场景中单击并移动鼠标，即可创建灯光，并且可以改变灯光的方向，如图 5-10 所示。

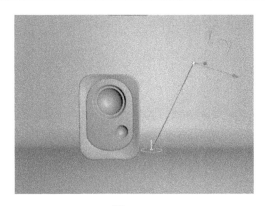

图 5-10

5.1.2　灯光属性

在创建灯光后，在"属性"面板中将显示灯光的参数。Cinema 4D 中的灯光参数大致相同，下面以"灯光"为例，来了解灯光对象的"属性"面板。

灯光对象的"属性"面板中的参数较多，如图 5-11 所示。

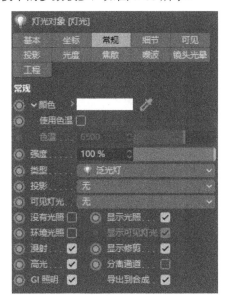

图 5-11

1. 常规

"常规"选项卡是"属性"面板中最重要的部分，包括如下参数。

- 颜色：用于设置灯光的颜色，默认为纯白色，提供了"色轮""光谱""从图像取色""RGB" "HSV""开尔文温度""颜色混合""色块"的设置方式。
- 强度：用于设置灯光的强度，默认值为 100%。
- 类型：用于设置灯光的当前类型，还可以切换为其他类型的灯光，如图 5-12 所示。

图 5-12

- 投影：用于设置是否产生灯光的投影，以及投影的类型，主要包括"无"、"阴影贴图（软阴影）"、"光线跟踪（强烈）"和"区域"4 种类型的投影，如图 5-13 所示。

图 5-13

选择"阴影贴图（软阴影）"类型将会使场景投影边缘有虚化的效果，如图 5-14 所示。

图 5-14

选择"光线跟踪（强烈）"类型将会产生边缘锐利的阴影，如图 5-15 所示。

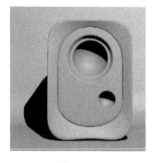

图 5-15

选择"区域"类型既会产生边缘锐利的阴影，又会产生软阴影，更接近真实的效果，如图 5-16 所示。

图 5-16

- 没有光照：勾选该复选框后，将不显示灯光效果。
- 显示光照：勾选该复选框后，在视图中会显示灯光的控制器。
- 环境光照：勾选该复选框后，物体表面的亮度相同。
- 漫射：勾选该复选框后，将显示漫射效果。
- 显示修剪：在"细节"选项卡中勾选"近处修剪"和"远处修剪"复选框，可以对灯光进行修剪。
- 高光：勾选该复选框后，将产生高光效果。
- 分离通道：勾选该复选框后，在渲染场景时，漫射、高光和阴影将被分离出单独的图层，在"渲染设置"对话框中需要设置相应的多通道参数。
- GI 照明：GI 照明也就是全局光照明。如果取消勾选该复选框，那么场景中的物体将不会对其他物体产生反射光线。

2．细节

"细节"选项卡主要包括形状和衰减两部分，其中，形状主要是针对区域光才有的，如图 5-17 所示。

图 5-17

具体参数介绍如下。

- 使用内部：当创建灯光类型为"点光"或"目标聚光灯"时，在"细节"选项卡中勾选 "使用内部"复选框即可调整灯光边缘的衰减，如图 5-18 所示。

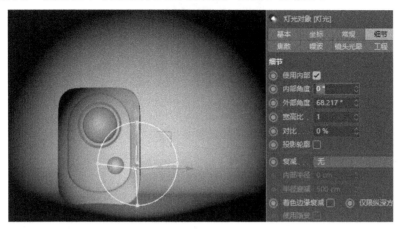

图 5-18

- 衰减：用于设置灯光的衰减方式，包括"平方倒数（物理精度）"、"线性"、"步幅"和"倒 数立方限制" 4 种方式，如图 5-19 所示。

图 5-19

> 平方倒数（物理精度）：按照现实中的灯光进行衰减。这种衰减方式是最常用的。

> 线性：按照线性算法进行衰减。

> 步幅：按照步幅算法进行衰减。

> 倒数立方限制：按照倒数立方算法进行衰减。

- 半径衰减：当设置衰减方式后，会在灯光周围出现一个可控制的圈，该参数用于控制灯 光中心到圈边缘的距离，如图 5-20 所示。

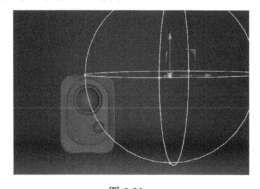

图 5-20

- 形状：当创建"区域光"时，在"细节"选项卡下多了一个"形状"参数，用于设置灯
光面片的形状，默认是矩形，如图 5-21 所示。

图 5-21

- 渲染可见：用于设置区域光在渲染时是否可见。勾选该复选框后，在渲染时将显示区域
光，如图 5-22 所示。

图 5-22

3. 可见

"可见"选项卡主要包括衰减和采样两部分，如图 5-23 所示。

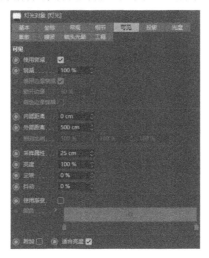

图 5-23

具体参数介绍如下。

- 使用衰减：勾选"使用衰减"复选框后，"衰减"选项才会被激活，衰减默认值是 100%。
- 使用边缘衰减/散开边缘：这两个参数只与目标聚光灯有关，用于控制灯光边缘的衰减。
- 内部距离：用于控制内部颜色传播的距离。
- 外部距离：用于控制灯光可见的范围。
- 采样属性：用于设置可见光的体积阴影被渲染的计算精细度。

4．投影

每种灯光的投影属性都是相同的，图 5-24 所示是区域投影的参数。

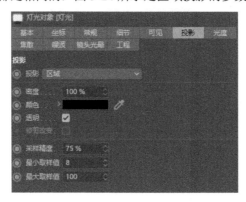

图 5-24

在"投影"下拉列表框中包括"无""阴影贴图（软阴影）""光线跟踪（强烈）""区域"4 种投影方式。当投影方式设置为"阴影贴图（软阴影）"后，"投影"选项卡如图 5-25 所示。

图 5-25

- 密度：用于设置投影的强度，也就是投影颜色的深浅。
- 颜色：用于设置投影的颜色，默认是黑色。
- 透明：当材质对象设置了透明属性后，需要勾选该复选框。
- 投影贴图：用于设置投影的分辨率。在预览的情况下可以选择低分辨率，在最终渲染时可以选择高分辨率。
- 轮廓投影：勾选该复选框后，投影将显示轮廓线。
- 投影锥体：勾选该复选框后，投影将产生一个锥形，"角度"用于控制锥形的角度。

当投影方式设置为"光线跟踪（强烈）"后，"投影"选项卡如图 5-26 所示。

图 5-26

在这里只有密度、颜色和透明设置。

当投影方式设置为"区域"后，"投影"选项卡如图 5-27 所示。

图 5-27

采样精度：用于控制投影的精度。高数值会渲染高精度投影，但同时会增加渲染时间，如图 5-28 所示。

图 5-28

5. 光度

光度针对的是 IES 灯光。在创建 IES 灯光后，"光度"选项卡如图 5-29 所示。

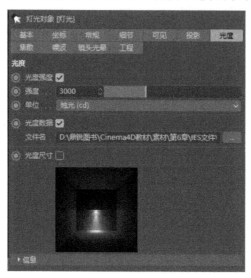

图 5-29

具体参数介绍如下。

- 强度：用于设置 IES 灯光的强度。
- 单位：用于设置灯光强度的单位，有"烛光（cd）和"流明（1m）"两个选项。

6. 焦散

焦散是指当光线穿过一个透明物体时，由于物体表面不平整，使得光线折射并没有平行发生，出现漫折射，投影表面出现光子分散。"焦散"选项卡如图 5-30 所示。

图 5-30

具体参数介绍如下。

- 表面焦散：勾选该复选框后，产生表面焦散效果，用于渲染半透明和透明物体。
- 体积焦散：勾选该复选框后，产生体积焦散效果，用于渲染半透明和透明物体。

- 能量：用于设置表面焦散光子的能量，主要用于控制焦散效果的亮度。
- 光子：用于控制焦散效果的精确度，数值越大，焦散效果越精确。

灯光在这里设置焦散后，还需要在"渲染设置"对话框中添加"焦散"效果，如图 5-31 所示。

图 5-31

7．噪波

噪波用于设置一些特殊的面。"噪波"选项卡如图 5-32 所示。

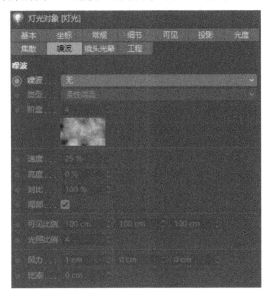

图 5-32

噪波主要包括"无""光照""可见""两者"4 种方式。

- 光照：当选择"光照"方式后，在光源周围会出现一些不规则的噪波。
- 可见：当选择"可见"方式后，噪波不会照射到物体对象上。
- 两者：表示"光照"和"可见"方式同时出现，如图 5-33 所示。

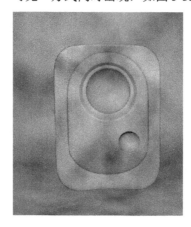

图 5-33

8. 镜头光晕

镜头光晕用于模拟摄像机镜头产生的光晕效果，增加画面的氛围。"镜头光晕"选项卡如图 5-34 所示。

图 5-34

辉光软件自带很多镜头光晕，如图 5-35 所示。

图 5-35

　　"亮度"用于设置辉光的亮度。单击"编辑"按钮，打开"辉光编辑器"对话框，可以在其中设置辉光的属性，如图 5-36 所示。

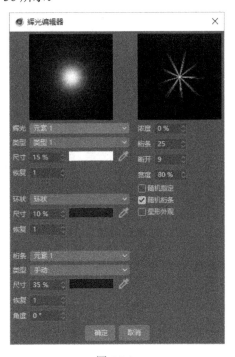

图 5-36

"反射"用于为镜头光晕设置一个镜头光斑。单击"编辑"按钮，打开"镜头光斑编辑器"对话框，可以对镜头光斑进行设置，如图 5-37 所示。

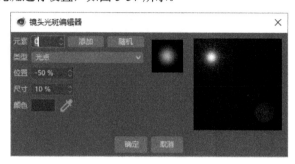

图 5-37

5.2　灯光的应用

在应用灯光时，在一般情况下，先确定主光的位置与强度，再调整辅光的强度与角度，最后调整轮廓光。本节来学习灯光的应用。

5.2.1　三点布光

三点布光又称为区域照明，一般用于较小范围的场景照明。如果场景很大，则可以把它拆分成若干个较小的区域进行布光。一般有 3 盏灯即可，分别为主光、辅光与轮廓光。图 5-38 所示为三点布光示意图。

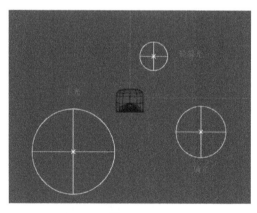

图 5-38

作为主光，灯光的位置很重要，灯光照射的角度不同，产生的阴影面积就不同。在一般情况下，会将主光放在对象斜上方 45°的位置，然后确定主光的颜色、强度和阴影。

辅光主要对阴影部分进行适当的照明，以此来弥补阴影部分光线的不足。辅光不需要阴影，且亮度比主光的亮度弱，可以将辅光放置在主光的相对位置，颜色可以设置成与主光相对比的颜色。

轮廓光用来突出物体轮廓，让轮廓的边缘有很小的反射高光即可。

5.2.2　目标区域光

Cinema 4D 自带目标聚光灯，如果想要自己设置目标区域光，那么，该如何调整呢？本节学习如何制作目标区域光。具体操作步骤如下：

Step 01 单击灯光工具栏中的"区域光"按钮，创建区域光，如图 5-39 所示。

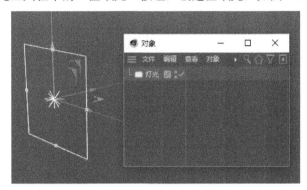

图 5-39

Step 02 打开灯光"属性"面板的"细节"选项卡，"衰减"选择"平方倒数（物理精度）"，如图 5-40 所示。

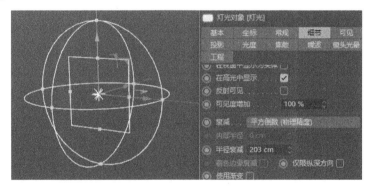

图 5-40

Step 03 选择"灯光"对象，单击鼠标右键，在弹出的快捷菜单中选择"动画标签"→"目标"命令，给"灯光"对象添加"目标"标签，如图 5-41 所示。

图 5-41

Step 04 选择"场景"→"空白"命令，在场景中创建"空白"对象，用于控制目标点，如图 5-42 所示。

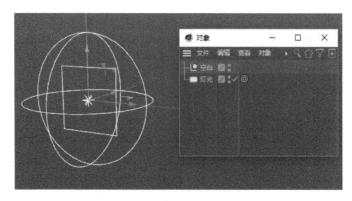

图 5-42

Step 05 选择"灯光"对象，打开"属性"面板的"目标"选项卡，将"空白"对象拖动到"目标对象"栏，如图 5-43 所示。

图 5-43

Step 06 这样就创建了目标区域光。移动目标区域光，灯光将围绕目标点进行绕转，如图 5-44 所示。

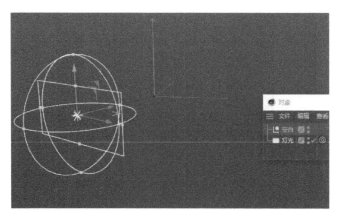

图 5-44

Step 07 将两个对象进行群组，命名为"灯光"；按快捷键 Shift+F8，打开"内容浏览器"面板，将"灯光"组拖动到"内容浏览器"面板中，即可将灯光保存在"内容浏览器"面板里，如图 5-45 所示。

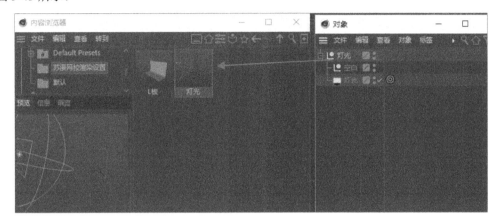

图 5-45

下次想调用这个灯光，直接打开"内容浏览器"面板，双击"灯光"，即可将灯光添加到场景中。

5.2.3 L 板

L 板是 L 形状的展板，一般在对产品进行渲染的时候，可以将产品放置在 L 板上。本节学习一下 L 板的制作。具体操作步骤如下：

Step 01 选择"样条画笔"工具，绘制 L 形曲线，如图 5-46 所示。

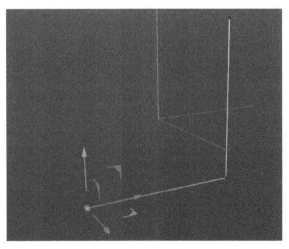

图 5-46

Step 02 选中中间的点，然后单击鼠标右键，在弹出的快捷菜单中选择"倒角"命令，创建倒角效果，如图 5-47 所示。

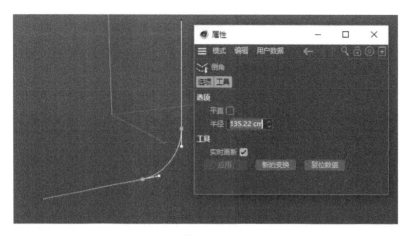

图 5-47

Step 03 在"对象"面板中选择"样条"对象，按 Alt 键，单击工具栏中的"挤压"按钮，调整挤压对象的"移动"属性，挤压出一个面，如图 5-48 所示。

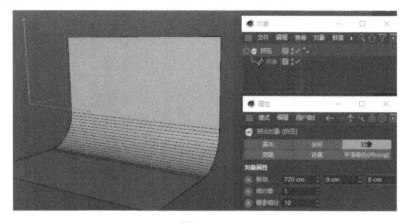

图 5-48

Step 04 选中"挤压"对象，单击鼠标右键，在弹出的快捷菜单中选择"群组对象"命令，并将群组后的对象命名为"L 板"；按快捷键 Shift+F8，打开"内容浏览器"面板，将 L 板拖动到"内容浏览器"面板中，如图 5-49 所示。

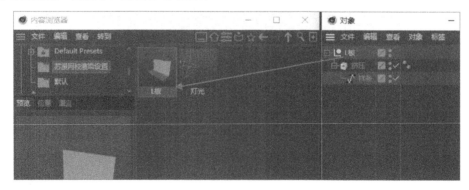

图 5-49

Step 05 打开之前制作的模型，打开"内容浏览器"面板，双击载入 L 板，将模型放置在 L 板上，双击载入灯光，如图 5-50 所示。

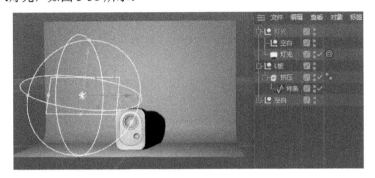

图 5-50

5.3　摄像机

Cinema 4D 中的摄像机和现实生活中的摄像机在许多方面是完全相同的。使用摄像机的优点是，可以将摄像机摆放在场景中的任意位置，给用户提供自定义的视角。

5.3.1　摄像机的分类

Cinema 4D 中的摄像机包括"摄像机""目标摄像机""立体摄像机""运动摄像机""摄像机变换""摇臂摄像机"6 种类型，它们的基本功能相同，如图 5-51 所示。

图 5-51

单击工具栏中的"摄像机"按钮，即可在视图中创建摄像机。单击"对象"面板中的摄像机图标，即可进入摄像机视图，如图 5-52 所示。

图 5-52

进入摄像机视图后，可以像操作透视视图一样，对摄像机进行摇移、推拉和平移操作。

目标摄像机和摄像机的最大区别在于，目标摄像机连接了目标对象，即移动目标对象的位置，摄像机的位置也跟着移动。

目标摄像机带有一个目标控制点，它总是指向前方的目标点。使用目标摄像机可以很容易地对准某个物体。

目标摄像机与摄像机的创建方法相同，只是在"对象"面板中多了一个"目标"标签，如图 5-53 所示。

图 5-53

5.3.2 摄像机参数

摄像机参数主要包括"对象""物理""细节"等。

1. 对象

在"对象"面板中选择"摄像机"对象，即可在"属性"面板中显示摄像机的"对象"选项卡，如图 5-54 所示。

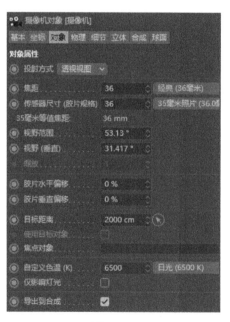

图 5-54

参数说明如下。

- 投射方式：用于设置摄像机投射的视图。
- 焦距：用于设置焦点到摄像机的距离，默认为 36mm。焦距越长，可拍摄的距离越远，即长镜头；焦距越短，可拍摄的距离越近，视野越广，即广镜头。

- 视野范围：用于设置摄像机查看区域的宽度视野。
- 目标距离：用于设置目标对象到摄像机的距离。
- 焦点对象：用于设置摄像机焦点链接的对象。可以从"对象"面板中选择一个对象拖动到"焦点对象"右侧区域，当作摄像机焦点。
- 自定义色温：用于设置摄像机的照片滤镜，默认值为 6500K。调节色温，可以改变画面色调。

2．物理

按快捷键 Ctrl+B，打开"渲染设置"对话框，在"渲染器"下拉列表框中选择"物理"，即可将渲染器切换成物理渲染器，如图 5-55 所示。

图 5-55

选择物理渲染器后，可以激活"物理"选项卡中的参数，如图 5-56 所示。

图 5-56

参数说明如下。

- 电影摄像机：勾选该复选框后，会激活"快门角度"和"快门偏移"选项。
- 光圈：用于控制光线透过镜头进入机身内感光面的光亮。光圈值越小，景深越大。
- 快门速度（秒）：用于控制快门速度。快门速度越快，拍摄高速运动的物体图像越清晰。
- 暗角强度：用于控制 4 个角的暗度。

技巧与提示：

在默认的标准渲染器中不能设置"光圈""曝光""ISO"等参数。只有将渲染器切换成物理渲染器后，才能设置这些参数。

3. 细节

"细节"选项卡如图 5-57 所示。

图 5-57

参数说明如下。

- 近端剪辑/远端修剪：用于设置摄像机画面选取的区域，只有处于这个区域内的对象才能被渲染。
- 景深映射-前景模糊：勾选该复选框后，会给摄像机添加景深效果。

5.4 场景灯光搭建

本节学习在产品场景中插入灯光和 HDR 文件，搭建场景灯光效果。

5.4.1 灯光和 HDR 预设的安装

将"苏漫网校渲染设置.lib4d"素材文件复制到 Cinema 4D 的安装目录中，如图 5-58 所示。

图 5-58

Cinema 4D R21 版本的安装路径是 C:\Program Files\Maxon Cinema 4D R21\library\browser。

Cinema 4D R20 及以下版本的安装路径是 C:\Program Files\Maxon Cinema 4D R20\library\browser。

复制完成后，重新打开 Cinema 4D 软件，然后按快捷键 Shift+F8，打开"内容浏览器"面板，如图 5-59 所示。

图 5-59

下面将在场景中调用 HDR 文件和灯光文件。

5.4.2　音箱场景灯光搭建

本节学习音箱场景灯光的搭建。具体操作步骤如下：

Step 01 打开音箱模型，如图 5-60 所示。

图 5-60

Step 02 在工具栏中单击"地面"按钮，给场景添加地面模型，如图 5-61 所示。

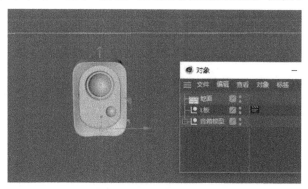

图 5-61

Step 03 选择"地面"对象，单击鼠标右键，在弹出的快捷菜单中选择"渲染标签"→"合成"命令，在"标签"选项卡下勾选"合成背景"复选框，如图 5-62 所示。

图 5-62

Step 04 按快捷键 Shift+F8，打开"内容浏览器"面板，在"苏漫网校渲染设置"文件夹中选择"区域灯光"文件，双击添加到场景中，调整灯光的位置，这盏灯光将作为主光，如图 5-63 所示。

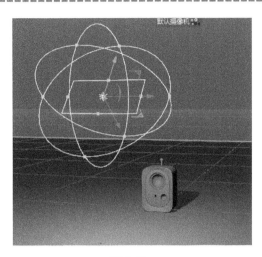

图 5-63

Step 05 单击"渲染"按钮，直接在视图窗口中渲染图像，可以看到灯光的光影关系，暗面比较暗，如图 5-64 所示。

图 5-64

Step 06 在"内容浏览器"面板中双击"HDR 设置"文件，在场景中添加 HDR 文件，在"材质"面板中会多出两个材质球，如图 5-65 所示。

图 5-65

Step 07 在"对象"面板中选择"HDR 设置"对象，在"内容浏览器"面板中拖动 HDR 贴图到 HDR 文件上，如图 5-66 所示。

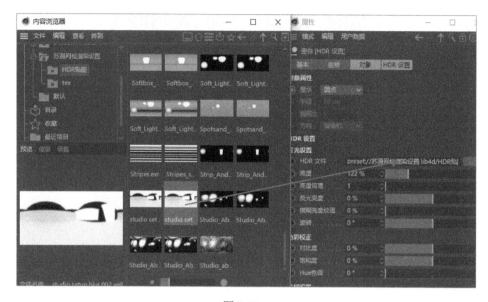

图 5-66

Step 08 在工具栏中单击"编辑渲染设置"按钮，打开"渲染设置"对话框，单击左下方的"效果"按钮，在弹出的列表中选择"全局光照"，设置"首次反弹算法"和"二次反弹算法"为"辐照缓存"，"漫射深度"为4，如图5-67所示。

图 5-67

Step 09 切换到"辐照缓存"选项卡，设置"记录密度"为"预览"，"平滑"为100%，如图5-68所示。

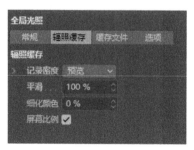

图 5-68

Step 10 单击工具栏中的"目标摄像机"按钮，创建目标摄像机；单击"对象"面板中的"切换摄像机"按钮，如图 5-69 所示。

图 5-69

Step 11 调整摄像机角度，如图 5-70 所示。

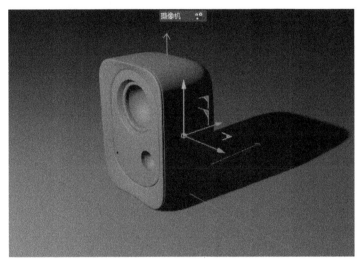

图 5-70

Step 12 为了防止在场景中操作时不小心移动了摄像机，可在"摄像机"对象上单击鼠标右键，在弹出的快捷菜单中选择"装配标签"→"保护"命令，如图 5-71 所示。

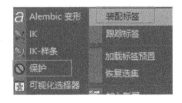

图 5-71

Step 13 此时在"摄像机"对象的后面会出现一个"保护"标签的图案，这样就可以锁定摄像机，如图 5-72 所示。

图 5-72

Step 14 选择"HDR 设置"对象，调整 HDR 设置属性，如图 5-73 所示。

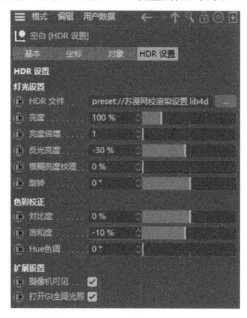

图 5-73

Step 15 单击"渲染"按钮，渲染后的效果如图 5-74 所示。

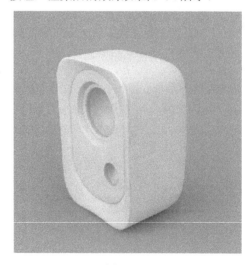

图 5-74

Step 16 在"HDR 设置"对象上，调整"Hue 色调"和"饱和度"，如图 5-75 所示。

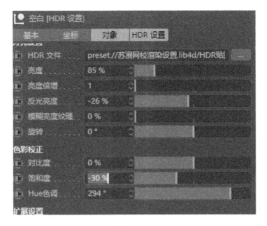

图 5-75

Step 17 单击"渲染"按钮，渲染后的效果如图 5-76 所示。

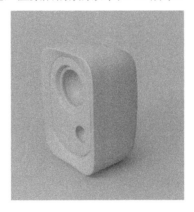

图 5-76

5.4.3　水壶场景灯光搭建

本节学习水壶场景灯光的搭建。具体操作步骤如下：

Step 01 打开水壶场景，单击工具栏中的"立方体"按钮，调整立方体的形状，制作成桌面效果，如图 5-77 所示。

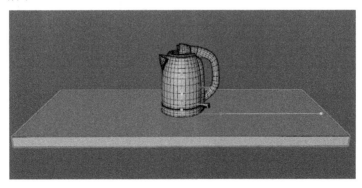

图 5-77

Step 02 单击工具栏中的"背景"按钮，在场景中创建一个背景对象，如图 5-78 所示。

图 5-78

Step 03 按快捷键 Shift+F8，打开"内容浏览器"面板，选择"区域灯光"文件，双击添加到场景中，如图 5-79 所示。

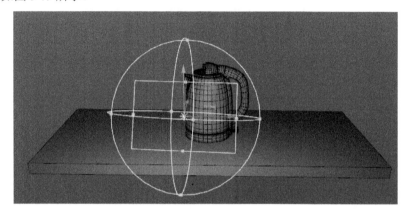

图 5-79

Step 04 在"内容浏览器"面板中选择"HDR 设置"文件，双击添加到场景中，如图 5-80 所示。

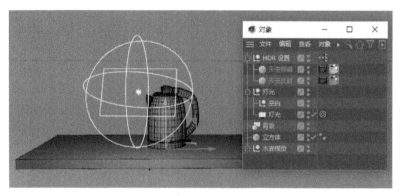

图 5-80

Step 05 单击工具栏中的"灯光"按钮，在场景中添加灯光。在这里创建两盏灯光，调整灯光的位置，控制场景右侧的亮度，如图 5-81 所示。

Step 06 设置调节灯光的参数，"强度"为 50%，"衰减"为"平方倒数（物理精度）"，如图 5-82 所示。可以根据渲染的效果再进行微调。

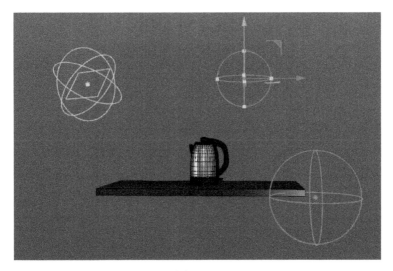

图 5-81

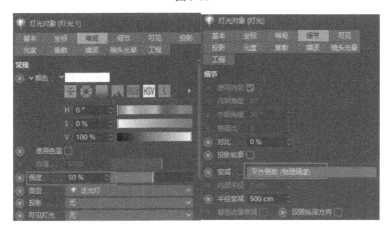

图 5-82

Step 07 单击"编辑渲染设置"按钮，打开"渲染设置"面板，单击"效果"按钮，在弹出的列表中选择"全局光照"，设置"二次反弹算法"为"光线映射"，如图 5-83 所示。

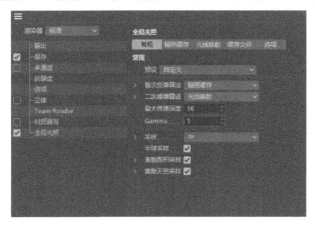

图 5-83

Step 08 切换到"辐照缓存"选项卡，设置"记录密度"为"预览"，如图 5-84 所示。

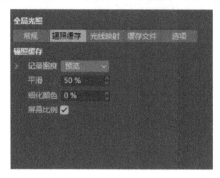

图 5-84

Step 09 单击"目标摄像机"按钮，在场景中添加目标摄像机，调整目标摄像机的角度，如图 5-85 所示。

图 5-85

Step 10 选择"摄像机"对象，单击鼠标右键，在弹出的快捷菜单中选择"装配标签"→"保护"命令，锁定摄像机，如图 5-86 所示。

图 5-86

Step 11 单击"渲染"按钮，渲染后的效果如图 5-87 所示。

图 5-87

5.4.4　玻璃杯场景灯光搭建

本节学习玻璃杯场景灯光的搭建。具体操作步骤如下：

Step 01 打开玻璃杯模型，如图 5-88 所示。

图 5-88

Step 02 单击工具栏中的"地面"按钮，在场景中创建地面模型；选择"地面"对象，单击鼠标右键，在弹出的快捷菜单中选择"渲染标签"→"合成"命令；选择"合成"标签，在"属性"面板的"标签"选项卡下勾选"合成背景"复选框，如图 5-89 所示。

图 5-89

Step 03 按快捷键 Shift+F8，打开"内容浏览器"面板，选择"灯光"文件，双击添加到场景中，调整灯光的位置，如图 5-90 所示。

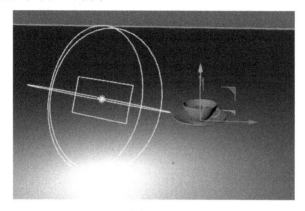

图 5-90

Step 04 在"内容浏览器"面板中选择"HDR 设置"文件，双击添加到场景中，如图 5-91 所示。

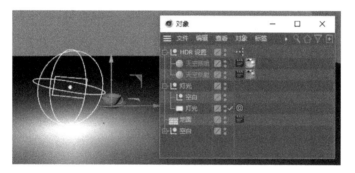

图 5-91

Step 05 打开"渲染设置"面板，单击"效果"按钮，在弹出的列表中选择"全局光照"，调整全局光照的参数，如图 5-92 所示。

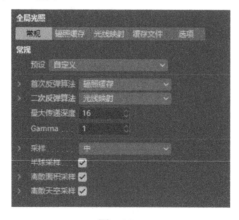

图 5-92

Step 06 调整"辐照缓存"的参数，如图 5-93 所示。

图 5-93

Step 07 在工具栏中单击"目标摄像机"按钮，在场景中创建目标摄像机，调整目标摄像机的角度；选择"摄像机"对象，单击鼠标右键，在弹出的快捷菜单中选择"装配标签"→"保护"命令，锁定摄像机，如图 5-94 所示。

图 5-94

Step 08 单击"渲染"按钮，渲染后的效果如图 5-95 所示。

图 5-95

第6章 材质的艺术

本章将讲解 Cinema 4D 中的材质相关知识，通过材质编辑器可以模拟出现实生活中的材质。

 6.1 熟悉材质编辑器

材质编辑器是 Cinema 4D 创建、编辑与应用材质的地方。材质详细描述了对象如何反射或透射灯光，使场景更加具有真实感。材质属性与灯光属性相辅相成。下面学习材质编辑器的使用方法。

6.1.1 材质的创建方法

在 Cinema 4D 中，在"材质"面板中双击，将自动创建新的材质，如图 6-1 所示。

图 6-1

1. 材质菜单

在"材质"面板的菜单栏中提供了"创建""编辑""查看""选择""材质""纹理"6个菜单。

在"创建"菜单中包括"新的默认材质""材质""扩展""加载材质""另存材质"等子菜单，如图 6-2 所示。

图 6-2

- 新的默认材质：相当于在"材质"面板中双击创建的材质。

- 材质：在"材质"子菜单中包括"新标准材质""新建草坪材质""新建毛发材质""新建卡通材质"等命令，可以直接创建所需的材质，如图 6-3 所示。

图 6-3

- 扩展：在"扩展"子菜单中提供了多个材质，可以直接选择所需的材质，如图 6-4 所示。

图 6-4

- 加载材质：用来调用软件外的材质。
- 另存材质：可以保存我们调节的材质，以后调用可以直接使用"加载材质"命令。

"编辑"菜单主要用于对材质进行剪切、复制和粘贴操作。

"查看"菜单主要用于更改材质的显示方式和材质图标显示大小。

2．将材质赋予模型的方法

一种方法是将创建好的材质直接拖动到视图窗口中的模型上，然后松开鼠标左键，材质便赋予了模型。

另一种方法是拖动材质到"对象"面板中的对象选项上，然后松开鼠标左键，材质便赋予了模型。

6.1.2　材质编辑器

本节将为读者讲解材质的基本属性。只有了解了材质各项属性的含义，才能更好地应用材质编辑器。

在"材质"面板中双击创建新的材质球，双击材质球会打开材质编辑器，用于对材质属性进行调节，包括颜色、漫射、发光、透明等属性。当在材质编辑器左侧勾选某个复选框后，在右侧就会显示该通道的属性，默认选中的是颜色通道，如图 6-5 所示。

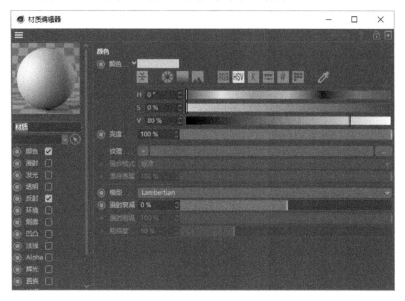

图 6-5

1. 颜色

颜色即物体的固有色，可以选择任意颜色作为固有色。默认以"HSV"模式选择颜色，也可以在"色轮""光谱""RGB"选项下选择颜色，如图 6-6 所示。

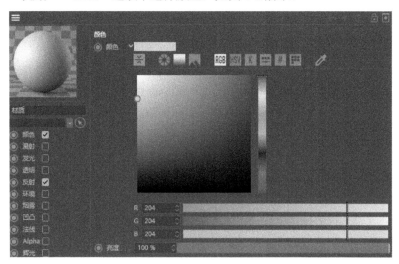

图 6-6

"颜色"选项不仅可以通过"色轮""光谱""RGB""HSV"等方式来调整材质的固有色，还可以为材质添加贴图纹理。

- 亮度：用于设置材质固有色的明暗程度。当设置为 0 时表示纯黑色，当设置为 100%时表示材质本身的颜色，当设置为超过 100%的值时表示自发光效果。

● 纹理：单击█按钮，可以为材质加载内置纹理或外部贴图的通道。

"纹理"选项是每个材质通道都具有的属性。单击"纹理"选项右侧的按钮，将弹出子菜单，系统有很多纹理可供用户选择，如图 6-7 所示。

图 6-7

➢ 清除：清除所有纹理。

➢ 加载图像：可以加载任意图像。

➢ 创建纹理：选择"创建纹理"命令，将弹出"新建纹理"对话框，用于自定义纹理，如图 6-8 所示。可以通过 Bodypaint 在模型上绘制纹理贴图。

图 6-8

➢ 噪波：噪波是程序纹理，选择"噪波"命令即可创建噪波纹理。单击"噪波"即可进入噪波的设置面板，如图 6-9 所示。

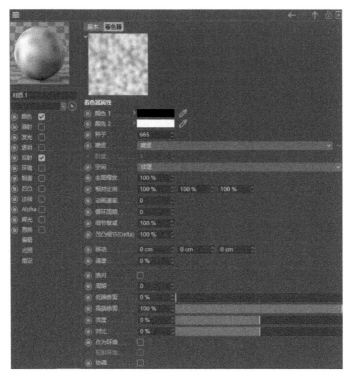

图 6-9

➢ 渐变：选择"渐变"命令即可创建渐变纹理。单击"渐变"即可进入渐变的设置面板，在这里可以修改渐变的类型和颜色，如图 6-10 所示。

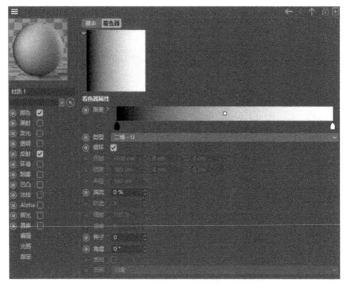

图 6-10

> 菲涅耳（Fresnel）：在真实世界中，除金属之外，其他物质均有不同程度的"菲涅耳效应"。

当视线垂直于物体表面时，反射较弱；而当视线不垂直于物体表面时，夹角越小，反射越明显。如果你看向一个圆球，那么圆球中心的反射较弱，靠近边缘处的反射较强。

纹理选择"菲涅耳（Fresnel）"，可以看到材质球效果的变化，通过调节菲涅耳的属性，可以模拟物体从中心到边缘的颜色、反射、透明等属性变化，如图 6-11 所示。

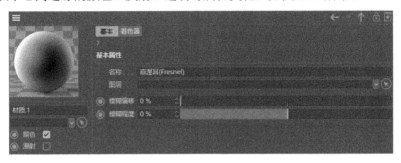

图 6-11

> 表面：提供了多种仿真纹理，如大理石、木材、砖块、金属等。如选择"木材"，即可打开木材的属性设置面板，如图 6-12 所示。

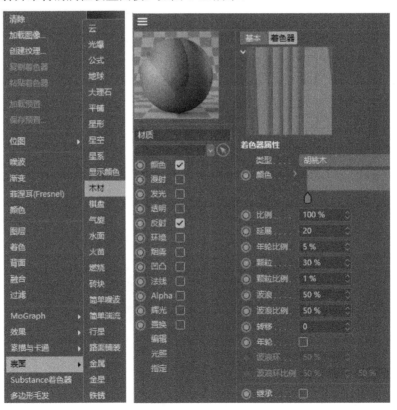

图 6-12

- 混合模式：当在"纹理"通道中加载了贴图时会自动激活"混合模式"选项，用于设置贴图与颜色的混合模式。在"纹理"下拉列表中选择"噪波"选项时，"混合模式"选项被激活，如图 6-13 所示。

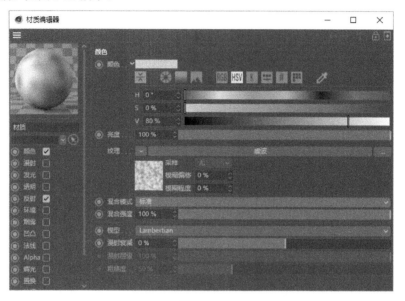

图 6-13

在混合模式下包括"标准""添加""减去""正片叠底"等混合方式。

> 标准：完全显示"纹理"通道中的贴图。

> 添加：将颜色与"纹理"通道进行叠加。

> 减去：将颜色与"纹理"通道相减。

> 正片叠底：将颜色与"纹理"通道进行正片叠底。

- 混合强度：用于设置颜色与"纹理"通道的混合量。

2．漫射

漫射是投射在物体表面上的光向各个方向反射的现象。"漫射"选项用于设置材质的固有颜色和属性，其属性设置面板如图 6-14 所示。

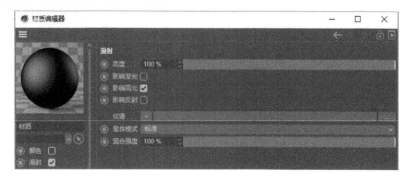

图 6-14

- 亮度：用于设置材质固有色的明暗程度。
- 纹理：加载贴图的通道。

3．发光

发光通常用于自发光的物体，如灯泡等，其属性设置面板如图 6-15 所示。

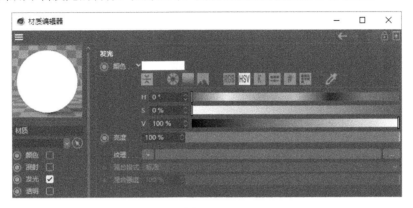

图 6-15

- 颜色：用于设置材质的自发光颜色。
- 亮度：用于设置材质的自发光亮度。
- 纹理：用加载的贴图显示自发光效果。

4．透明

"透明"选项用于设置材质的透明和半透明效果，其属性设置面板如图 6-16 所示。

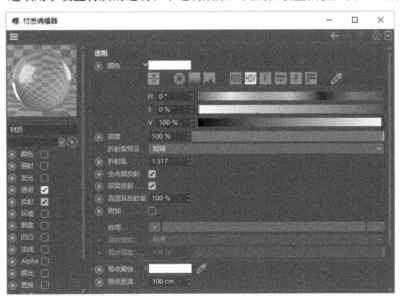

图 6-16

- 颜色：用于设置材质的折射颜色。折射颜色越接近白色，材质越透明。

- 亮度：用于设置材质的透明程度。
- 折射率预设：折射率用于调节材质的折射强度。系统提供了以下材质的折射率，如图 6-17 所示。

图 6-17

- 折射率：通过输入数值来设置材质的折射率。
- 菲涅耳反射率：材质产生菲涅耳反射的程度，默认值为 100%。
- 纹理：通过加载纹理贴图来控制材质的折射效果。
- 吸收颜色：用于设置折射产生的颜色。
- 吸收距离：用于设置折射颜色的浓度。
- 模糊：用于控制折射的模糊程度。数值越大，材质越模糊。

5. 反射

反射强弱是由物体表面的光滑程度决定的。如果物体表面非常光滑，那么反射光线较为集中，反射强；如果物体表面非常粗糙，那么反射光线较为发散，反射弱。"反射"选项用于设置材质的反射强弱效果，其属性设置面板如图 6-18 所示。

- 类型：用于设置材质的高光类型。
- 衰减：用于设置材质的反射衰减效果，有"添加"和"金属"两个选项。
- 高光强度：用于设置材质的高光强度。

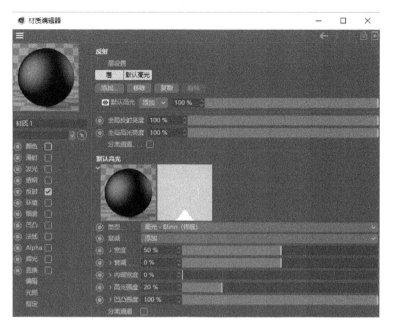

图 6-18

在 Cinema 4D 中提供了多种反射类型，如图 6-19 所示。

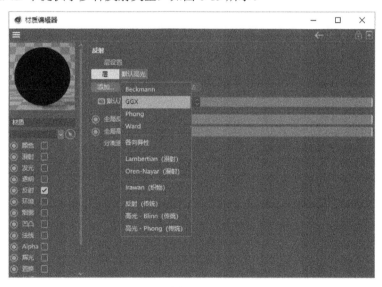

图 6-19

Beckmann：默认类型，常用于模拟常规物体表面的反射情况。

GGX：常用于制作高反射类材质，如金属。

Phong：适合表现表面高光和光线的变化。

Ward：适合表现软表面的反射情况，如橡胶。

各向异性：适合表现特定方向的反射光，如拉丝和划破的金属表面。

Irawan：表现真实布料的算法。

在"反射"选项的属性设置面板中单击"层"选项卡，然后单击"添加"按钮，在下拉列表中选择"GGX"选项，这样就添加了一个层，反射类型为GGX，如图6-20所示。

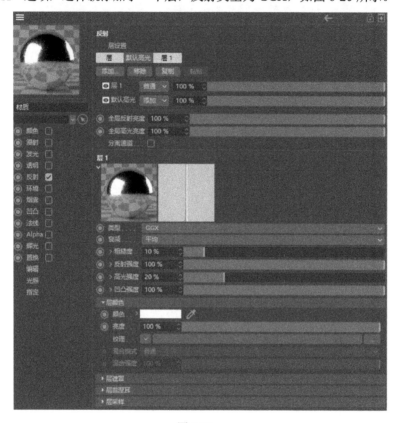

图 6-20

- 粗糙度：用于设置材质的磨砂程度。
- 反射强度：用于设置材质的反射强度。数值越小，材质越接近固有色。
- 高光强度：用于设置材质的高光范围。
- 菲涅耳：用于设置材质的菲涅耳类型，有"绝缘体"和"导体"两种类型。
- 预置：当设置菲涅耳类型为"绝缘体"或"导体"时，系统提供了不同类型材质的菲涅耳折射率。
- 强度：用于设置菲涅耳效果的强度。
- 折射率：用于设置材质的菲涅耳折射率。
- 反向：勾选该复选框后，菲涅耳也会反向。
- 采样细分：用于设置材质的采样细分。数值越大，材质越细腻。

知识点：菲涅耳反射

菲涅耳反射是指反射强度与视线角度之间的关系。简单来讲，当视线垂直于物体表面时，反射较弱；当视线不垂直于物体表面时，夹角越小，反射越强烈。自然界中的对象几乎都存在菲涅耳反射，金属也不例外，只是它的这种现象很弱。

菲涅耳反射还有一种特性，即物体表面的反射模糊也是随着角度的变化而变化的，视线和物体表面法线的夹角越大，此处的反射模糊就会越少，材质就会更清晰。

而在实际制作材质时，选择合适的菲涅耳类型可使材质的表现效果更加逼真。

6．环境

"环境"选项通过颜色或纹理贴图来表现材质表面的反射效果，其属性设置面板如图 6-21 所示。

图 6-21

7．凹凸

"凹凸"选项用于设置材质的凹凸纹理通道，其属性设置面板如图 6-22 所示。

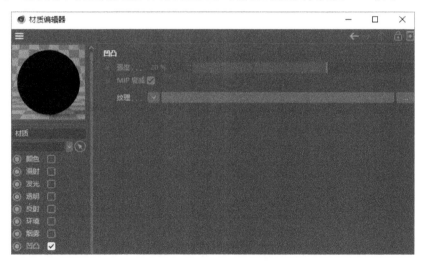

图 6-22

- 纹理：用于加载材质的纹理贴图。需要注意的是，此通道只识别贴图的灰度信息。
- 强度：用于设置凹凸纹理的强度。在"纹理"通道中加载贴图后，此选项被激活。

8. 置换

"置换"选项与"凹凸"选项类似，用于在材质上形成凹凸纹理。不同的是，"置换"选项会直接改变模型的形状，形成真正的凹凸效果；而"凹凸"选项只是形成凹凸的视觉效果。"置换"选项的属性设置面板如图 6-23 所示。

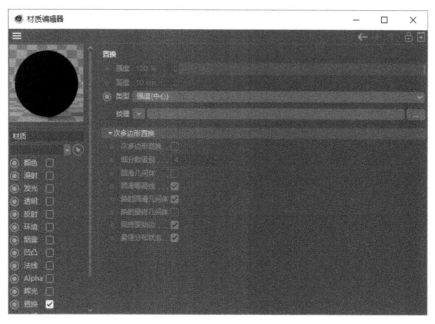

图 6-23

6.2 材质标签

本节来了解一下材质标签下的选集和投射。

6.2.1 选集

选择模型的面，然后选择"选择"→"设置选集"命令，即可给选择的面设置选集，方便用户选取。当然，也可以通过选集添加材质。

当给对象指定材质后，在"对象"面板中会显示材质标签。如果给对象指定了多个材质，则会显示多个材质标签，如图 6-24 所示。

图 6-24

单击材质标签，可以打开材质标签的"属性"面板，如图 6-25 所示。

图 6-25

- 材质：单击材质左边的小三角形，可以展开材质的基本属性。
- 选集：当创建了多边形选集后，可以把多边形选集拖动到选框中，如图 6-26 所示。

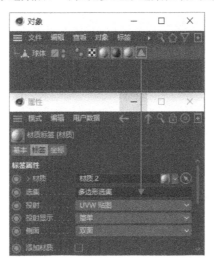

图 6-26

通过这种方式可以给不同的选集指定不同的材质，如图 6-27 所示。

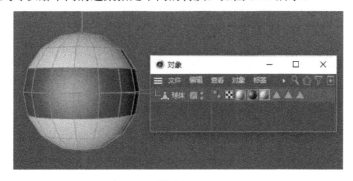

图 6-27

6.2.2　文本选集的应用

通过对文本应用"挤压"命令，会自动出现选集设置。本节介绍文本选集的应用。具体操作步骤如下：

Step 01 选择"文本"工具，在场景中创建文本，并给文本添加"挤压"变形器，如图 6-28 所示。

图 6-28

Step 02 在"载入预设"中选择"Bottom Shifte…"，如图 6-29 所示。

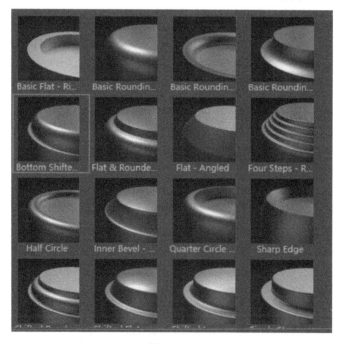

图 6-29

Step 03 切换到"选集"选项卡，可以看到多边形、倒角和封盖都有对应的选集，如图 6-30 所示。

图 6-30

Step 04 在"材质"面板中双击创建一个材质，并将材质球拖动到模型上，如图 6-31 所示。

图 6-31

Step 05 再创建一个材质，把材质的颜色设置为橙色，指定给挤压对象；选择橙色材质标签，在"选集"输入框中输入"S"，表示壳选集，如图 6-32 所示。

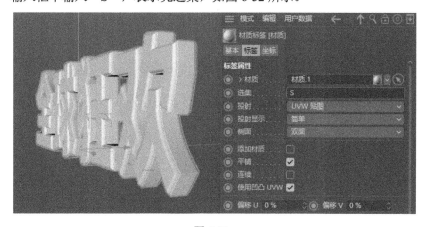

图 6-32

Step 06 再创建一个材质，把材质的颜色设置为蓝色，将材质球拖动到模型上；选择蓝色材质标签，在"选集"输入框中输入"C1"，如图 6-33 所示。

图 6-33

Step 07 通过上面的操作，可以给挤压的模型指定不同的材质，效果如图 6-34 所示。

图 6-34

6.2.3 投射

当材质中有纹理贴图时，可以通过"投射"选项来设置纹理贴图在对象上的投射方式，有"球状""柱状""平直""立方体""前沿""空间""UVW 贴图""收缩包裹""摄像机贴图"9 种投射方式，如图 6-35 所示。

图 6-35

- 球状：该投射方式是将纹理贴图以球状的方式投射到对象上。
- 柱状：该投射方式是将纹理贴图以柱状的方式投射到对象上。
- 平直：该投射方式适用于平面模型。
- 立方体：该投射方式是将纹理贴图投射到立方体的面上。
- 前沿：该投射方式是将纹理贴图从视图的视角投射到对象上，投射的纹理贴图会随着视角的变换而变换。
- 空间：该投射方式类似于平直投射。
- UVW 贴图：该投射方式使用 UVW 方式进行投射。
- 收缩包裹：该投射方式是指纹理贴图的中心被固定到一个点，且余下的纹理贴图会被拉伸以覆盖对象。
- 摄像机贴图：纹理贴图会从摄像机角度投射到对象上。

下面来制作一个球体的贴图。具体操作步骤如下：

Step 01 在工具栏中单击"球体"按钮，创建球体。

Step 02 在"材质"面板中双击创建一个材质。双击材质球，打开材质编辑器，在"颜色"选项的属性设置面板中设置"纹理"为"渐变"，如图 6-36 所示。

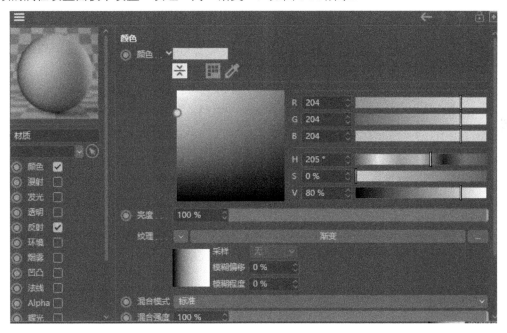

图 6-36

Step 03 单击"渐变"缩略图，打开渐变的属性，把"黑色"色标改成"紫色"色标，并移动色标位置到中间，把"白色"色标位置也移动到中间，如图 6-37 所示。

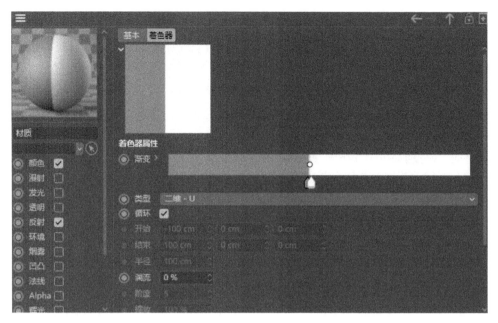

图 6-37

Step 04 将材质球拖动到模型上，打开材质标签的"属性"面板，如图 6-38 所示。

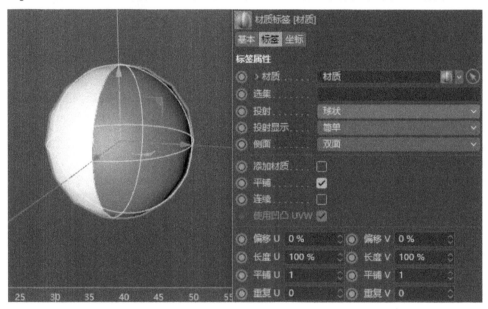

图 6-38

Step 05 将投射方式改为"前沿"，设置"平铺 U"为 20，这样就给球体添加了渐变纹理，如图 6-39 所示。

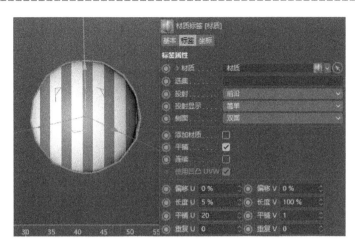

图 6-39

6.3 金属材质的调整

本节讲解金属材质的调整方法。

1. 银色金属材质

银色金属材质的表现主要靠反射，通过在材质的"反射"选项中添加 GGX 类型，可以调整反射的强度。具体操作步骤如下：

Step 01 打开素材文件"文字场景"，在场景中已经创建好了灯光和摄像机，如图 6-40 所示。

图 6-40

Step 02 在"材质"面板中双击创建一个材质，双击材质球名称，重命名为"金属材质"，如图 6-41 所示。

图 6-41

Step 03 双击金属材质球，打开材质编辑器，取消勾选"颜色"复选框，在"反射"选项中添加 GGX 类型，设置"粗糙度"为 12%，"数量"为 40%，如图 6-42 所示。

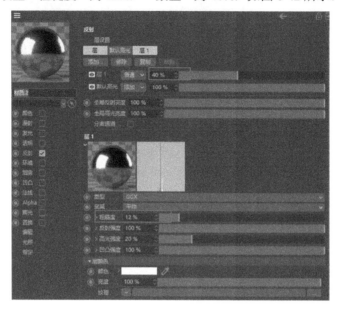

图 6-42

Step 04 将银色金属材质赋予文字后面的长方体。

2．黄色金属材质

黄色金属材质和银色金属材质的区别是需要调整金属的颜色。具体操作步骤如下：

Step 01 在"材质"面板中双击创建一个材质，打开材质编辑器，在"反射"选项中添加 GGX 类型，"层颜色"设置为"黄色"，"粗糙度"设置为 27%，如图 6-43 所示。

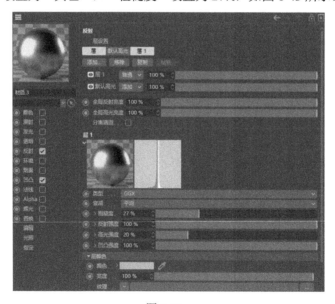

图 6-43

Step 02 将黄色金属材质赋予文字模型。单击"渲染"按钮，渲染后的效果如图 6-44 所示。

图 6-44

6.4　塑料材质的调整

本节讲解塑料材质的调整方法，主要调整塑料材质的颜色及高光效果。

1．红色塑料材质

具体操作步骤如下：

Step 01 打开音箱场景，如图 6-45 所示。

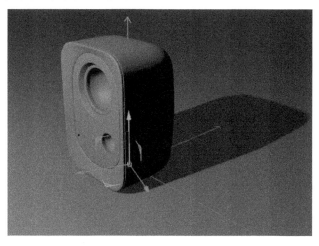

图 6-45

Step 02 在"材质"面板中双击创建一个材质，打开材质编辑器，设置颜色为"红色"，如图 6-46 所示。

图 6-46

Step 03 勾选"反射"复选框，在属性设置面板中单击"添加"按钮，选择"GGX"反射类型，并调整层强度为 15%，如图 6-47 所示。

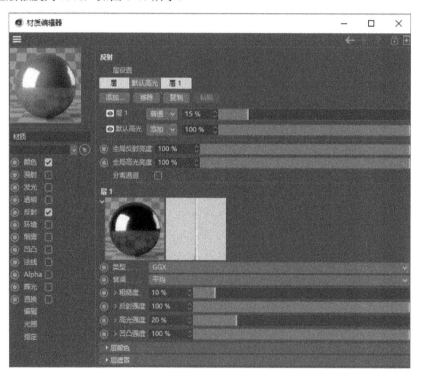

图 6-47

Step 04 在"层遮罩"卷展栏下，"纹理"选择"菲涅耳（Fresnel）"，设置"混合强度"为 50%，如图 6-48 所示。

图 6-48

Step 05 将材质球拖动到模型上，效果如图 6-49 所示。

图 6-49

2. 白色塑料材质

具体操作步骤如下：

Step 01 在"材质"面板中双击创建一个材质，打开材质编辑器，设置颜色为"白色"，如图 6-50 所示。

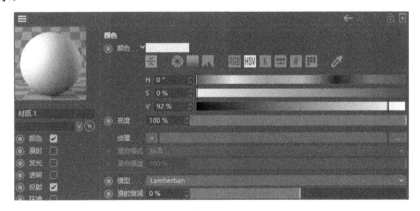

图 6-50

Step 02 勾选"反射"复选框，添加"GGX"反射类型，设置层强度为5%，如图6-51所示。

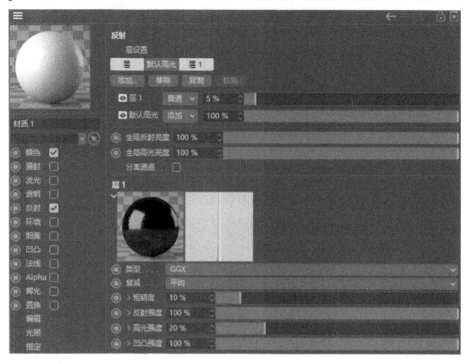

图 6-51

Step 03 将材质球拖动到模型上，效果如图6-52所示。

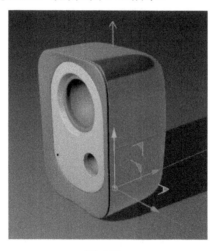

图 6-52

3. 黑色塑料材质

具体操作步骤如下：

Step 01 在"材质"面板中双击创建一个材质，打开材质编辑器，在"颜色"选项的属性设置面板中，"纹理"选择"菲涅耳（Fresnel）"，如图6-53所示。

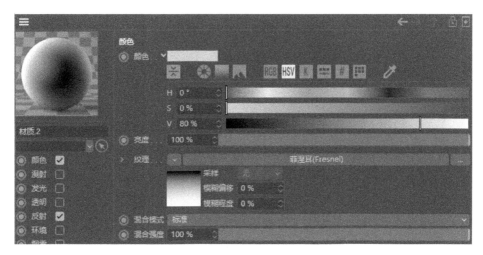

图 6-53

Step 02 单击"菲涅耳（Fresnel）"纹理，将"白色"渐变调整为"浅黑色"，如图 6-54 所示。

图 6-54

Step 03 勾选"反射"复选框，添加"GGX"反射类型；在"层遮罩"卷展栏下，"纹理"选择"菲涅耳（Fresnel）"，"数量"设置为 5%，如图 6-55 所示。

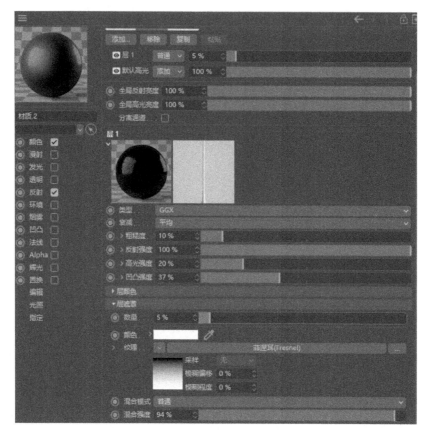

图 6-55

Step 04 将材质球拖动到模型上，效果如图 6-56 所示。

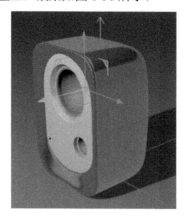

图 6-56

4．内部黑色材质

具体操作步骤如下：

Step 01 在"材质"面板中双击创建一个材质，打开材质编辑器，调整颜色为"黑色"，如图 6-57 所示。

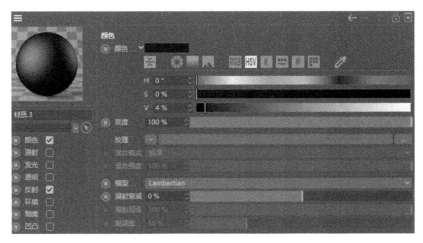

图 6-57

Step 02 将材质球拖动到内部圆结构上，效果如图 6-58 所示。

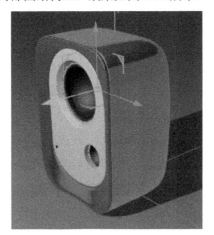

图 6-58

Step 03 单击"渲染"按钮，渲染后的效果如图 6-59 所示。

图 6-59

6.5 不锈钢材质的调整

本节讲解不锈钢材质的调整方法，我们用水壶来制作案例。构成水壶的材质主要包括不锈钢材质和塑料材质。在调整材质时可以调整颜色、反射和高光，在反射材质中添加 GGX 类型，然后调整反射的强度和粗糙度。

具体操作步骤如下：

Step 01 打开水壶场景，如图 6-60 所示。

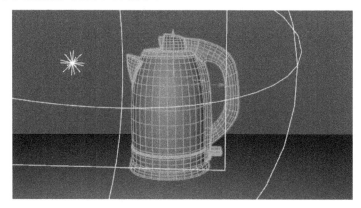

图 6-60

Step 02 在"材质"面板中双击创建一个材质，打开材质编辑器，取消勾选"颜色"复选框，勾选"反射"复选框，单击"添加"按钮，添加"GGX"反射类型，如图 6-61 所示。

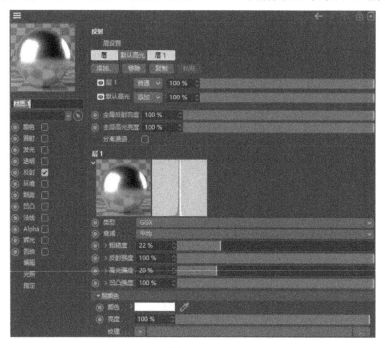

图 6-61

Step 03 在"材质"面板中双击创建一个材质,打开材质编辑器,勾选"颜色"复选框,"纹理"选择"菲涅耳(Fresnel)",如图 6-62 所示。

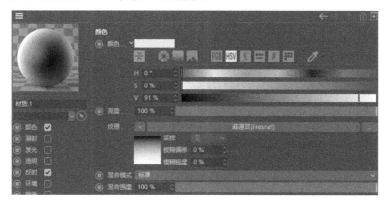

图 6-62

Step 04 单击"菲涅耳(Fresnel)"纹理,将"白色"渐变调整为"浅黑色",如图 6-63 所示。

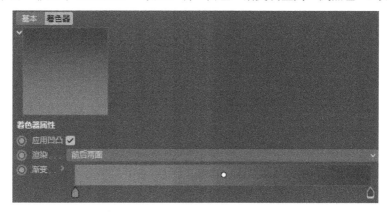

图 6-63

Step 05 将黑色塑料材质球拖动到模型上,效果如图 6-64 所示。

图 6-64

Step 06 在"材质"面板中双击创建一个材质，打开材质编辑器，勾选"颜色"复选框，"纹理"选择"加载图像"，选择"木纹（26）.jpg"素材载入，如图 6-65 所示。

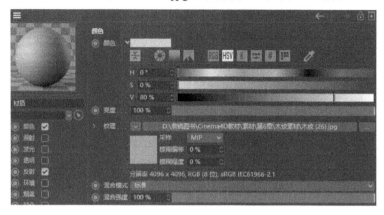

图 6-65

Step 07 勾选"凹凸"复选框，"纹理"选择"加载图像"，选择"木纹（26）.jpg"素材载入，"强度"设置为 5%，如图 6-66 所示。

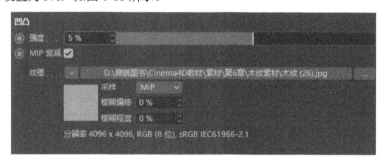

图 6-66

Step 08 将木纹材质球拖动到模型上。在"对象"面板中选择模型上的材质标签，在"属性"面板中调整材质标签的属性，如图 6-67 所示。

图 6-67

　　Step 09 在"对象"面板中选择"HDR 设置"对象，打开"内容浏览器"面板，选择 HDR 文件拖动到属性上，再调整 HDR 设置参数，如图 6-68 所示。

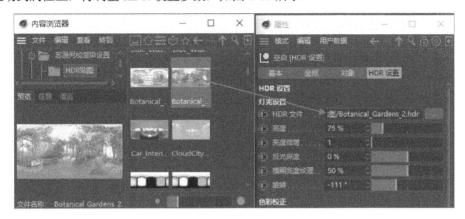

图 6-68

　　Step 10 单击"渲染"按钮，渲染后的效果如图 6-69 所示。

图 6-69

6.6　玻璃材质的调整

　　本节讲解玻璃材质的调整方法。具体操作步骤如下：

　　Step 01 打开杯子场景，如图 6-70 所示。

图 6-70

　　Step 02 在"材质"面板中双击创建一个材质，打开材质编辑器，取消勾选"颜色"复选框，勾选"透明"复选框，如图 6-71 所示。

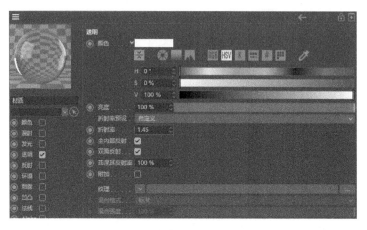

图 6-71

Step 03 在"材质"面板中双击创建一个材质，打开材质编辑器，只勾选"透明"复选框，颜色设置为"黄色"，"折射率"设置为 1.333，"纹理"选择"菲涅耳（Fresnel）"，"混合强度"设置为 9%，如图 6-72 所示。

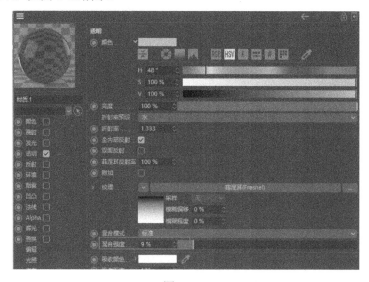

图 6-72

Step 04 将材质球拖动到模型上，单击"渲染"按钮，渲染后的效果如图 6-73 所示。

图 6-73

6.7　木纹材质的调整

本节讲解木纹材质的调整方法，主要通过材质标签的"投射"属性进行调整。具体操作步骤如下：

Step 01 打开杯子场景，在"材质"面板中双击创建一个材质，打开材质编辑器，"纹理"选择"加载图像"，选择素材中的木纹贴图载入，如图 6-74 所示。

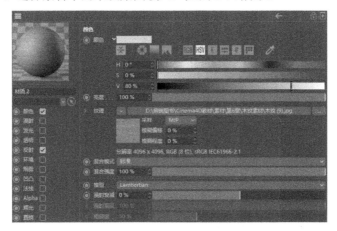

图 6-74

Step 02 勾选"反射"复选框，单击"添加"按钮，选择"GGX"反射类型，层遮罩添加纹理"菲涅耳（Fresnel）"，"数量"设置为 8%，如图 6-75 所示。

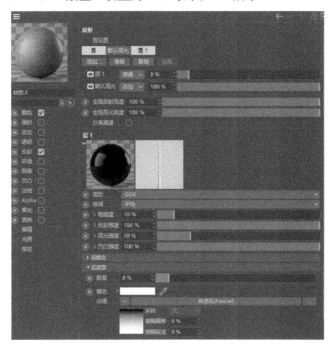

图 6-75

Step 03 在"对象"面板中选择材质标签，打开其"属性"面板，"投射"选择"立方体"，"长度 U"和"长度 V"均调整为 300%，如图 6-76 所示。

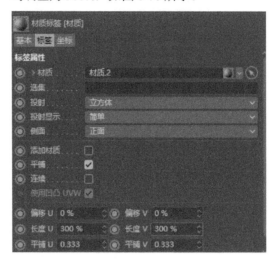

图 6-76

Step 04 将材质球拖动到模型上，单击"渲染"按钮，渲染后的效果如图 6-77 所示。

图 6-77

第 7 章　环境与渲染

本章将讲解 Cinema 4D 中的环境与渲染技术，通过场景工具可以为场景添加地面、背景和环境光等，通过渲染功能可以将设置好的场景渲染成效果图。

 环境

单击工具栏中的"地面"按钮，可以通过弹出的菜单创建场景的环境，如"地面""背景""天空"等，如图 7-1 所示。

图 7-1

1．地面

单击"地面"按钮，会在场景中创建一个平面，如图 7-2 所示。

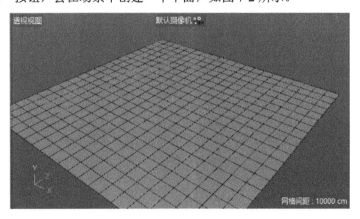

图 7-2

"地面"工具与"平面"工具相似，所创建的都是一个平面，不同的是，"地面"工具创建的是无限延伸的、没有边界的平面。

技巧与提示：

在使用"地面"工具时，只需要调整位置，不需要调整大小。

2. 天空

"天空"工具用于创建一个无限大的球体来包裹场景，类似于现实中的天空。

"天空"常常被赋予 HDRI 贴图，作为场景的环境光和环境反射使用。

知识点：天空贴图

在材质的"发光"选项的"纹理"通道中加载 HDRI 贴图，然后将材质赋予"天空"，这样天空就能 360° 照亮整个场景。HDRI 贴图上丰富的内容还可以为场景中的高反射物体提供反射内容，增加场景的真实度。

3. 物理天空

"物理天空"工具与"天空"工具一样，用于创建一个包裹场景的球体。通过"属性"面板可以设置天空的光照效果，属性包括"时间与区域""天空""太阳"等选项卡。

"时间与区域"选项卡如图 7-3 所示。

图 7-3

参数说明如下。

- 时间：用于设置天空在特定时间显示的颜色、亮度和光影关系。
- 城市：用于设置所在城市的天空颜色。

"天空"选项卡如图 7-4 所示。

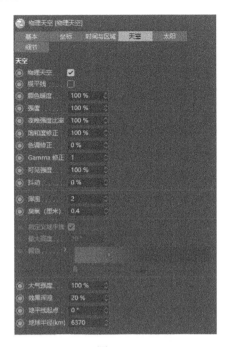

图 7-4

参数说明如下。

● 颜色暖度：用于设置天空的颜色效果。

● 强度：用于设置天空的亮度。

● 浑浊：用于设置天空的浑浊度。数值越大，天空的颜色越亮。

"太阳"选项卡如图 7-5 所示。

图 7-5

参数说明如下。

- 预览颜色：用于设置太阳的颜色。
- 强度：用于设置太阳的强度。
- 自定义太阳对象：用于将场景内的其他灯光作为太阳光照的对象。
- 投影：用于设置太阳的投影。

4．环境

"环境"工具用于设置环境颜色和雾效果。

"环境"工具的"对象"选项卡如图 7-6 所示。

图 7-6

参数说明如下。

- 环境颜色：用于设置环境的颜色。
- 环境强度：用于设置环境颜色的显示强度。
- 启用雾：勾选该复选框后，将开启雾效果。
- 颜色：用于设置雾的颜色。
- 强度：用于设置雾的浓度。
- 距离：用于设置雾与镜头的距离。

5．背景

"背景"工具用于设置场景中的整体背景，它没有实体模型，只能通过材质和贴图进行表现。

 ## 7.2　渲染

本节将讲解 Cinema 4D 中的渲染器类型和渲染工具。

7.2.1　渲染器类型

Cinema 4D 中常用的渲染器是"标准"和"物理"，这两个渲染器的选项面板基本相同。按快捷键 Ctrl+B 即可打开"渲染设置"对话框，如图 7-7 所示。

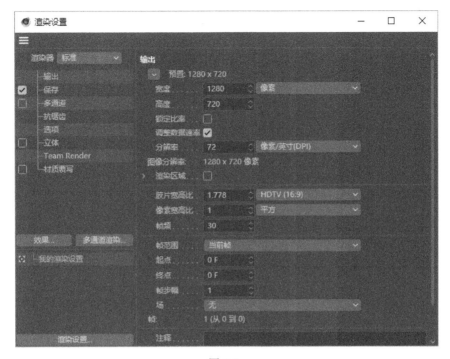

图 7-7

单击"渲染器"下拉菜单，会显示 Cinema 4D 内置的渲染器类型。

- 标准：常用的渲染器之一，可以满足大部分场景的渲染。
- 物理：除"标准"渲染器的功能外，还可以渲染景深和运动模糊效果。

7.2.2　渲染工具

在工具栏中提供了 3 种渲染工具，分别是"渲染活动视图"工具（快捷键为 Ctrl+R）、"渲染到图片查看器"工具（快捷键为 Shift+R）、"编辑渲染设置"工具（快捷键为 Ctrl+B），如图 7-8 所示。

图 7-8

1．渲染活动视图

单击"渲染活动视图"按钮，会在视图窗口中直接显示渲染效果。单击"渲染"按钮，即可查看渲染效果。在这里，渲染的图片不能被保存。

2．渲染类型

单击"渲染到图片查看器"按钮，会弹出渲染工具组，如图 7-9 所示。

图 7-9

常用的渲染工具介绍如下。

- 区域渲染：选择"区域渲染"工具，在视图窗口中拖动鼠标，框选需要渲染的区域，查看局部渲染的效果。
- 渲染激活对象：用于渲染选中的对象，没有被选中的对象不会被渲染。
- 渲染到图片查看器：用于将当前场景渲染到图片查看器，可以在图片查看器中保存渲染的图片，如图 7-10 所示。

图 7-10

- Team Render 到图像查看器：Team Render 是局域网渲染，可以将当前场景用局域网渲染到图片查看器。

- 渲染所有场次到 PV：用于将所有场次渲染到图片查看器。

- 创建动画预览：用于快速生成当前场景的动画预览，常用于较为复杂的场景。选择"创建动画预览"工具，将弹出预览动画设置面板，如图 7-11 所示。

图 7-11

- 添加到渲染队列：用于将当前场景添加到渲染队列。

- 渲染队列：用于批量渲染多个场景文件，包括人物管理及日记记录功能。选择"文件"→"打开"命令，即可导入场景文件，如图 7-12 所示。

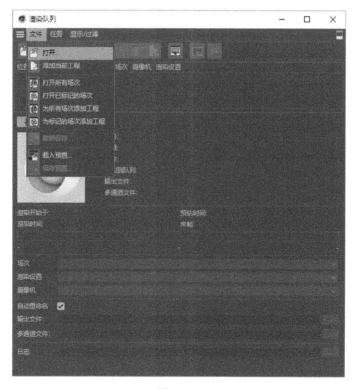

图 7-12

- 交互式区域渲染（IRR）：选择该工具，在视图窗口中将出现一个交互区域，用于对当前场景进行实时渲染。交互区域的大小可以调节，渲染清晰度可以通过上下移动右边的三角形进行调整，如图 7-13 所示。

图 7-13

3. 图片查看器

场景被渲染到图片查看器，只有在图片查看器中的图像文件才能被保存为外部文件。图 7-14 所示为图片查看器。

图 7-14

图片查看器主要包括菜单栏、工具栏、导航器和历史面板。

1）菜单栏

在菜单栏中有如下菜单。

- "文件"菜单：使用"文件"菜单可以对当前渲染文件进行保存等操作。

- "编辑"菜单：主要对渲染图片进行复制、粘贴等操作。
- "查看"菜单：包括图标尺寸、过滤器、显示导航器、放大、缩小和使用滤镜等功能。
- "比较"菜单：可以对渲染输出的两张图片进行比较观察。
- "动画"菜单：可以对渲染的动画文件进行观察。

2）工具栏

在工具栏中主要有打开、另存为等按钮，如图 7-15 所示。

图 7-15

常用按钮介绍如下。

- 打开：打开现有的图片。
- 另存为：保存渲染的图片。单击该按钮后，会弹出"保存"对话框，如图 7-16 所示。

图 7-16

"保存"对话框中的主要参数介绍如下。

> 类型：用于选择保存的类型，有"静帧"和"已选静帧"两个选项。
> 格式：用于设置渲染图片保存的格式。
> 深度：用于设置渲染图片的颜色深度。
> DPI：用于设置图片的 DPI 值。
> 使用滤镜：勾选该复选框后，在"滤镜"选项卡中设置的效果才会被保存，否则保存的图片只显示渲染效果。
- 停止渲染：停止当前渲染进程，快捷键为 Esc。

- 转换十字形 HDR：将当前渲染图片保存为十字形 HDR 图片。
- 转换球形 HDR：将当前渲染图片保存为球形 HDR 图片。
- 清除缓存：清除全部缓存图片。
- AB 比较：单击该按钮后，可以对两张渲染图片进行比较。

3）导航器

导航器用于控制图片在图片查看器中的显示比例，如图 7-17 所示。

图 7-17

4）历史面板

常用选项卡介绍如下。

- "历史"选项卡：显示所有渲染的图片缓存，如图 7-18 所示。

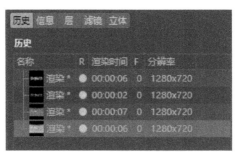

图 7-18

- "信息"选项卡：显示渲染图片信息。
- "层"选项卡：在进行多通道渲染时，会显示每个层级。
- "滤镜"选项卡：单击"滤镜"选项卡后，可以在图片查看器中进行后期调色。

7.2.3　渲染器设置

Cinema 4D 中常用的渲染器是"标准"和"物理"，这两个渲染器的参数基本相同。

单击工具栏中的"编辑渲染设置"按钮，打开"渲染设置"对话框，在对话框的左上角会显示当前使用的渲染器类型，如图 7-19 所示。

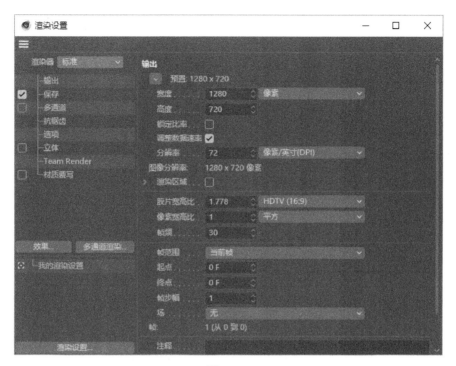

图 7-19

在左上角的渲染器类型中选择"物理",即可进入物理渲染器设置界面,如图 7-20 所示。

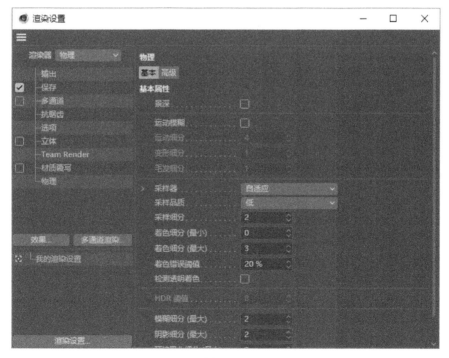

图 7-20

下面来认识一下渲染器参数的设置。

1．输出

"输出"选项用于设置渲染图片的尺寸、图片比例及渲染帧范围，如图 7-21 所示。

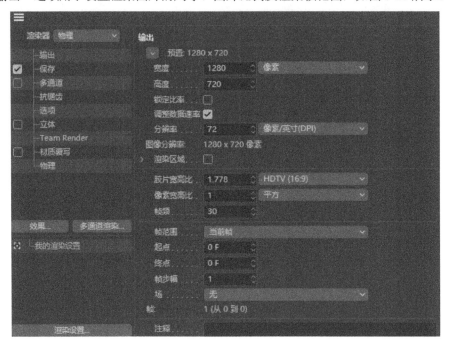

图 7-21

主要参数说明如下。

- 宽度/高度：用于设置图片的宽度和高度，默认单位为"像素"，也可以使用"厘米""英寸""毫米"等单位。
- 锁定比率：勾选该复选框后，无论修改"宽度"还是"高度"的数值，另一个数值都会根据"胶片宽高比"进行更改。
- 分辨率：用于设置图片的分辨率。
- 渲染区域：勾选该复选框后，会在下方设置渲染区域的大小。
- 胶片宽高比：用于设置画面宽度与高度的比例。
- 帧频：用于设置动画播放的频率。
- 帧范围：用于设置渲染动画时的帧起始范围。
- 帧步幅：用于设置渲染动画的帧间隔。默认值为 1，表示逐帧渲染。

2．保存

"保存"选项用于设置渲染图片的保存路径和格式，如图 7-22 所示。

图 7-22

主要参数说明如下。

- 文件：用于设置图片的保存路径。
- 格式：用于设置图片的保存格式。
- 深度：用于设置图片的深度。
- 名称：用于设置图片的保存名称。
- Alpha 通道：勾选该复选框后，图片会保留透明信息。

3. 多通道

"多通道"选项用于将图片渲染为多个图层，方便在 Photoshop 或其他后期制作软件中进行调整，如图 7-23 所示。

图 7-23

主要参数说明如下。

- 分离灯光：有"无""全部""选取对象"3 个选项。
- 模式：用于设置分离通道的类型，如图 7-24 所示。

图 7-24

● 投影修正：勾选该复选框后，通道的投影会得到修正。

4．抗锯齿

"抗锯齿"选项用于控制模型边缘的锯齿，让模型的边缘更加圆滑、细腻，如图 7-25 所示。该功能只能在"标准"渲染器中使用。

图 7-25

主要参数说明如下。

● 抗锯齿：有"无""几何体""最佳" 3 种模式，如图 7-26 所示。

图 7-26

　➤ 无：没有抗锯齿效果。

　➤ 几何体：渲染速度较快，有一定的抗锯齿效果，可用于测试渲染。

　➤ 最佳：渲染速度较慢，抗锯齿效果较好，可用于渲染成图。

● 最小级别/最大级别：当"抗锯齿"设置为"最佳"时激活这两个选项，用于设置抗锯齿级别。数值越大，抗锯齿效果越好。

● 过滤：用于设置图像过滤器。该功能在"物理"渲染器中也可以使用。

5．选项

"选项"选项用于设置渲染的整体效果，一般保持默认设置，如图 7-27 所示。

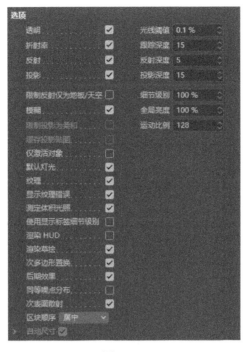

图 7-27

主要参数说明如下。

- 透明：用于设置是否渲染透明效果。
- 折射率：用于设置是否使用设定的材质折射率进行渲染。
- 反射：用于设置是否渲染反射效果。
- 投影：用于设置是否渲染物体的投影。
- 区块顺序：用于设置图片的渲染顺序。

6. 材质覆写

"材质覆写"选项用于给场景整体添加一个材质，但不改变模型本身的材质，如图 7-28 所示。

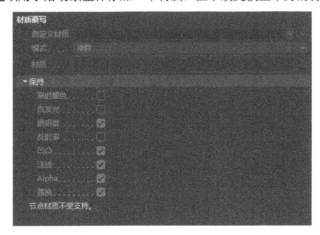

图 7-28

主要参数说明如下。

- 自定义材质：用于设置场景整体的覆盖材质。
- 模式：用于设置材质覆写的模式。

7.2.4 效果

在"渲染设置"对话框中单击"效果"按钮，弹出一个菜单，如图 7-29 所示。

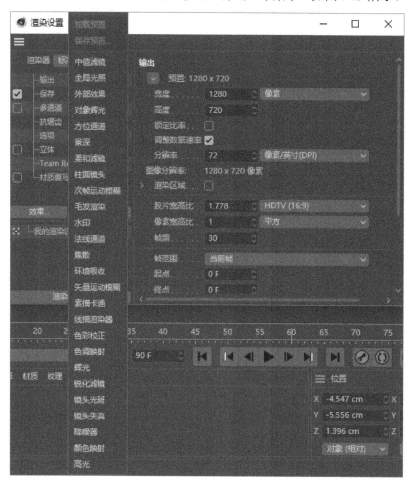

图 7-29

通过该菜单中的选项可以添加效果。在添加效果后，在"渲染设置"对话框左侧显示该效果的名称，右侧显示该效果的参数。如添加"全局光照"效果后的"渲染设置"对话框如图 7-30 所示。

如果想要删除效果，则在该效果上单击鼠标右键，在弹出的快捷菜单中选择"删除"命令即可。

图 7-30

下面介绍一下常用的效果。

1. 全局光照

场景中的光源可以分为两大类：一类是直接照明光源；另一类是间接照明光源。

直接照明光源是由光源所发出的光线直接照射到物体表面所形成的光照效果；间接照明光源是发散的光线由物体表面反弹后照射到其他物体表面所形成的光照效果。全局光照是由直接照明光源和间接照明光源一起形成的光照效果，更符合现实中的光照效果。

全局光照是非常重要的选项，能计算出场景的全局光照效果，让渲染的图片更接近真实的光影关系。其设置界面如图 7-31 所示。

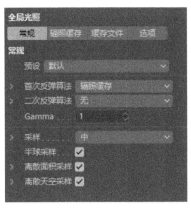

图 7-31

主要参数说明如下。

- 预设：用于设置渲染的精度模式，提供了如图 7-32 所示的精度模式。

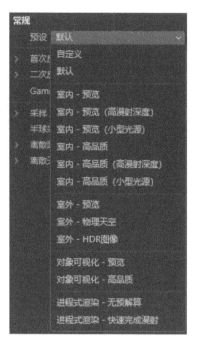

图 7-32

- 首次反弹算法：用于设置光线首次反弹的方式，包括辐照缓存、准蒙特卡罗（QMC）、辐照缓存（传统）3 个算法，一般采用"辐照缓存"方式。
- 二次反弹算法：用于设置光线二次反弹的方式，包括辐照缓存、准蒙特卡罗（QMC）、辐照贴图、光线映射 4 个算法。
  - ➢ 辐照缓存：用于设置辐照缓存的精度。计算速度较快，可加速区域光照产生的直接漫射照明，能被存储并重复使用。在间接照明时可能会模糊一些细节。
  - ➢ 准蒙特卡罗（QMC）：能保留间接照明里的所有细节，计算速度较慢。
  - ➢ 光线映射：能加速产生场景中的光照，且可以被存储，但不能计算由天光产生的间接照明。
  - ➢ 辐照贴图：参数简单，与光线映射类似，计算速度快，且可以计算由天光产生的间接照明。
- Gamma：用于设置画面整体的亮度值。
- 采样：用于设置图片的采样精度。

2．景深

景深是指在摄像机镜头或其他成像器前沿着能够取得清晰图像的成像所测定的被摄物体前后距离范围。其设置界面如图 7-33 所示。

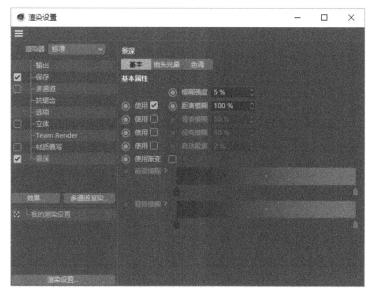

图 7-33

主要参数说明如下。

- 模糊强度：用于设置景深的模糊强度。
- 距离模糊：勾选"使用"距离模糊，将根据摄像机的前景模糊和背景模糊的距离产生景深效果。
- 背景模糊：将对物体的背景产生模糊效果。
- 径向模糊：画面中心向画面四周产生径向模糊效果。
- 自动聚焦：将模拟摄像机进行自动聚焦。

技巧与提示：

渲染景深效果，除在"渲染设置"对话框中添加景深之外，在场景中还需要创建摄像机，且摄像机要开启"景深映射-前景模糊"和"景深映射-背景模糊"，如图 7-34 所示。

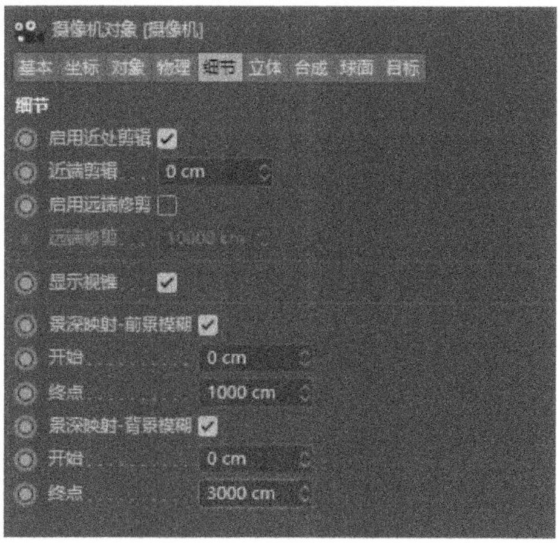

图 7-34

3. 焦散

焦散是指当光线穿过一个透明物体时，由于物体表面不平整，使得光线折射没有平行发射，出现漫折射，投射表面出现光子分散。其设置界面如图 7-35 所示。

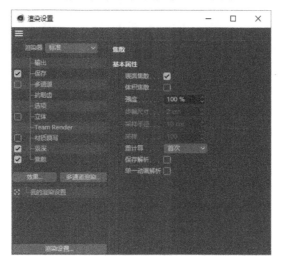

图 7-35

主要参数说明如下。

- 表面焦散：勾选该复选框后，将开启表面焦散效果。
- 体积焦散：勾选该复选框后，将开启体积焦散效果。
- 强度：用于设置焦散效果的强度。
- 步幅尺寸/采样半径/采样：用于设置体积焦散。

7.3 场景渲染

本节讲解口红产品的渲染。具体操作步骤如下：

1. 场景搭建

Step 01 打开口红产品的场景，如图 7-36 所示。

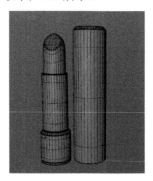

图 7-36

Step 02 按快捷键 Shift+F8，打开"内容浏览器"面板，选择"区域灯光"文件，双击打开即可，如图 7-37 所示。

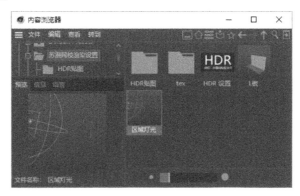

图 7-37

Step 03 选择"创建"→"场景"→"天空"命令，创建天空对象。

Step 04 在"材质"面板中双击创建一个材质，打开材质编辑器，勾选"发光"复选框，取消勾选其他复选框，如图 7-38 所示。

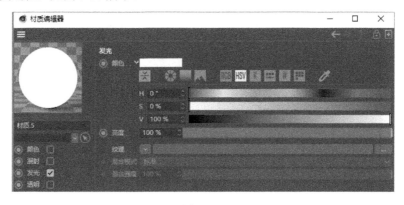

图 7-38

Step 05 按快捷键 Shift+F8，打开"内容浏览器"面板，选择"HDR 贴图"文件拖动到"纹理"上，如图 7-39 所示。

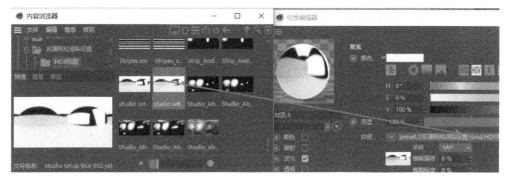

图 7-39

2．材质设置

1）金属材质

在"材质"面板中双击创建一个材质，打开材质编辑器，勾选"反射"复选框，单击"添加"按钮，选择"GGX"类型，"粗糙度"设置为 16%，"高光强度"设置为 38%，层颜色设置为"黄色"，如图 7-40 所示。

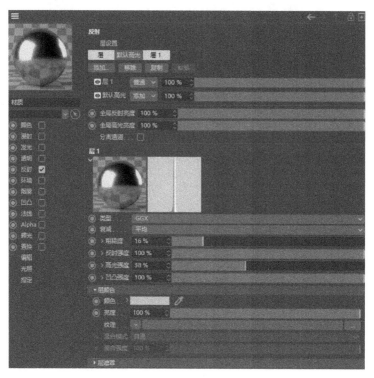

图 7-40

2）红色口红材质

在"材质"面板中双击创建一个材质，打开材质编辑器，勾选"颜色"复选框，设置颜色为"红色"，如图 7-41 所示。

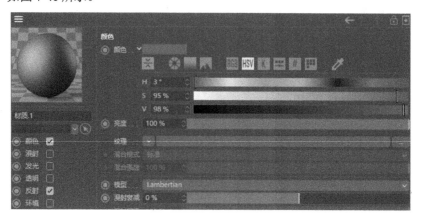

图 7-41

3）黑色塑料材质

在"材质"面板中双击创建一个材质，打开材质编辑器，勾选"颜色"复选框，设置颜色为
"黑色"，如图 7-42 所示。

图 7-42

在"反射"选项中添加"GGX"类型，"粗糙度"设置为 7%，"层遮罩"添加纹理"菲涅
耳（Fresnel）"，"数量"设置为 15%，如图 7-43 所示。

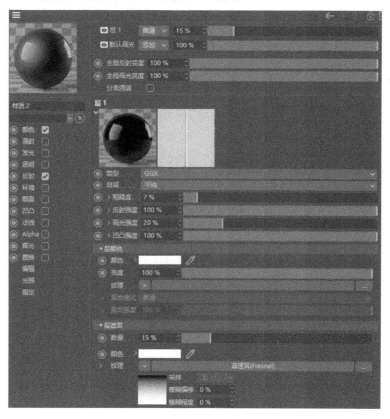

图 7-43

将创建好的材质赋予模型，如图 7-44 所示。

单击"渲染"按钮，渲染后的效果如图 7-45 所示。

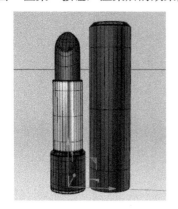

图 7-44

图 7-45

3. 添加背景

添加一个平面作为背景，调整材质，如图 7-46 所示。

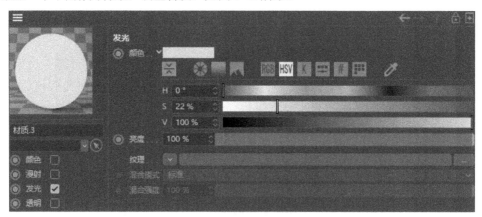

图 7-46

单击"渲染"按钮，渲染后的效果如图 7-47 所示。

图 7-47

第8章 基础动画制作

本章将讲解 Cinema 4D 中的动画技术，主要讲解动画关键帧的添加方法，以及曲线的调整方法。

 8.1 动画简介

时间轴由时间线和工具按钮组成，如图 8-1 所示。时间线上显示的最小单位为帧，即"F"。为时间滑块，可在时间线上任意滑动。

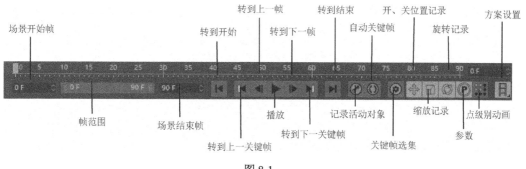

图 8-1

- 场景开始帧：场景开始帧通常为 0。
- 帧范围：显示窗口帧的范围，当前为 0～90 帧的范围。拖动长条滑块控制时间线上的显示长度。
- 场景结束帧：场景最后一帧。
- 转到开始：跳转到开始帧的位置。
- 转到上一关键帧：跳转到上一个关键帧位置。
- 转到上一帧：跳转到上一帧。
- 播放：正向播放动画。
- 转到下一帧：跳转到下一帧。
- 转到下一关键帧：跳转到下一个关键帧位置。
- 转到结束：跳转到最后一帧的位置。
- 记录活动对象：单击该按钮后，会记录选择对象的关键帧。
- 自动关键帧：单击该按钮后，会自动记录选择对象的关键帧。
- 关键帧选集：用于设置关键帧选集对象。
- 开、关位置记录：用于控制是否记录对象的位置信息（默认开启）。
- 缩放记录：用于控制是否记录对象的缩放信息（默认开启）。

- 旋转记录：用于控制是否记录对象的旋转信息（默认开启）。
- 参数：用于控制是否记录对象的参数层级动画。
- 点级别动画：用于控制是否记录对象的点级别动画。
- 方案设置：用于设置回放比率。

技巧与提示：

在影视动画制作中，帧是最小单位的单幅影像画面，在 Cinema 4D 的时间轴上表现为一格或一个标记。

常见的帧速率有：电影为每秒 24 帧，PAL 制式为每秒 25 帧，NTSC 制式为每秒 30 帧。

8.2 动画曲线介绍

从 Cinema 4D 操作界面右上角的"界面"下拉菜单中可以切换"Animate"界面，便于制作动画，如图 8-2 所示。

图 8-2

在切换后的界面中将显示时间线窗口，如图 8-3 所示。

图 8-3

时间线窗口是制作动画时经常使用的一个编辑器。使用时间线窗口可以通过快速地调节曲线来控制物体的运动状态。

时间线窗口介绍如下。

- 摄影表：单击该按钮，会将函数曲线面板切换到摄影表面板。
- 函数曲线模式：单击该按钮，会将摄影表面板切换到函数曲线面板。
- 运动剪辑：单击该按钮，会切换到运动剪辑面板。
- 框显所有：单击该按钮，会显示所有对象的信息。
- 转到当前帧：单击该按钮，会跳转到时间滑块所在帧的位置。
- 创建标记在当前帧：在当前时间添加标记。
- 创建标记在视图边界：在可视范围的起点和终点添加标记。
- 删除全部标记：删除所有的标记。
- 线性：将所选关键帧设置为尖锐的角点。
- 步幅：将所选关键帧设置为步幅插值。
- 样条：将所选关键帧设置为圆滑的样条。

8.3　添加关键帧的方法

在 Cinema 4D 中提供了"记录活动对象""自动关键帧""记录关键帧""点级别动画" 4 种添加关键帧的方法。

1．记录活动对象

在场景中新建一个球体，在时间轴面板中单击"记录活动对象"按钮，给球体对象添加关键帧属性，给位置、缩放和旋转属性都添加了关键帧，如图 8-4 所示。

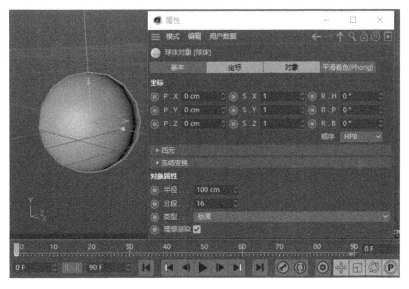

图 8-4

将时间移动到第 10 帧，移动位置的 Y、Z 坐标，再单击"记录活动对象"按钮，就制作了一个动画，如图 8-5 所示。

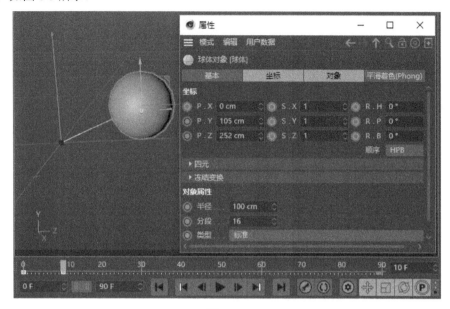

图 8-5

这里调整一次参数，再单击一次"记录活动对象"按钮来添加关键帧。

2. 自动关键帧

在场景中新建一个球体，在时间轴面板中单击"记录活动对象"按钮，给球体对象添加关键帧属性，给位置、缩放和旋转属性都添加了关键帧，再单击"自动关键帧"按钮，如图 8-6 所示。

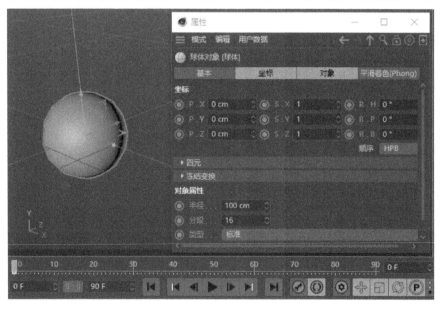

图 8-6

将时间移动到第 10 帧，再改变位置的参数，这里就会自动添加关键帧，如图 8-7 所示。

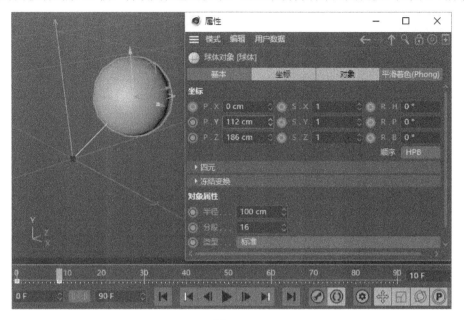

图 8-7

3．记录关键帧

记录关键帧是针对对象的属性添加关键帧的。创建一个球体，打开球体的"坐标"属性，如图 8-8 所示。

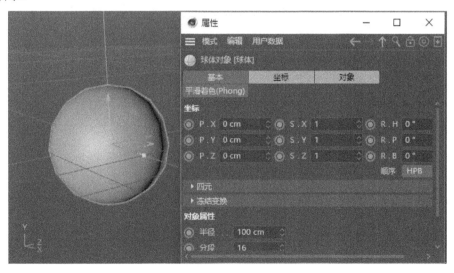

图 8-8

在"属性"面板中，PSR 表示移动、缩放和旋转，XYZ 表示模型的轴向。在 PSR 前面都有一个灰色圆形图标，单击该图标，就变成了红色圆形图标，表示给这个属性添加了关键帧。

4．点级别动画

点级别动画用于制作对象的变形效果。单击"点级别动画"按钮，可以针对多边形对象的点、边、面制作关键帧动画。具体操作步骤如下：

Step 01 先创建一个球体，再创建一个平面，然后将平面移动到球体下方，如图 8-9 所示。

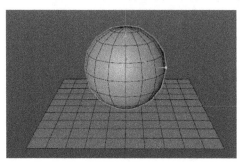

图 8-9

Step 02 选择球体，按快捷键 C，将球体转换为可编辑的多边形对象。在编辑模式工具栏中选择"点"模式，先单击"点级别动画"按钮，再单击"自动关键帧"按钮，最后单击"记录活动对象"按钮，如图 8-10 所示。

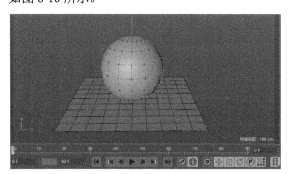

图 8-10

Step 03 将时间移动到第 10 帧。框选所有的点，向上移动，并缩放点，如图 8-11 所示。

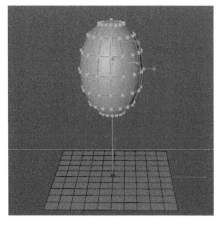

图 8-11

Step 04 将时间移动到第 20 帧。框选所有的点，向下移动，并缩放点，如图 8-12 所示。

图 8-12

Step 05 单击"播放"按钮，可以看到在点级别制作的动画效果。

8.4 关键帧动画

关键帧动画是指制作出几个关键时间点的场景，中间的动画过程自动过渡。关键帧动画是初学者最容易掌握的一种动画制作方法。

具体操作步骤如下：

Step 01 打开足球场景，如图 8-13 所示。

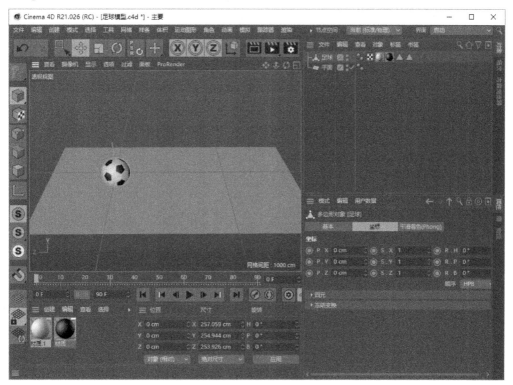

图 8-13

Step 02 选择"足球"对象，向上移动 800cm，在 Y 坐标前单击灰色圆形图标，添加关键帧，如图 8-14 所示。

图 8-14

Step 03 将时间移动到第 10 帧，将 Y 坐标设置为 0cm，单击红色圆形图标，添加关键帧，如图 8-15 所示。

图 8-15

Step 04 将时间移动到第 17 帧，将 Y 坐标设置为 500cm，如图 8-16 所示。

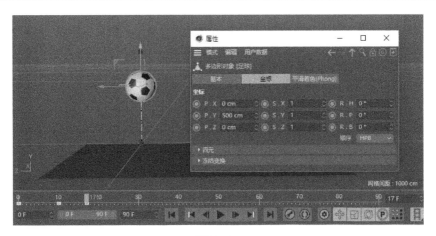

图 8-16

Step 05 将时间移动到第 24 帧，调整足球落到地面，将 Y 坐标设置为 0cm，如图 8-17 所示。

图 8-17

Step 06 将时间移动到第 29 帧，调整足球弹起，将 Y 坐标设置为 200cm，如图 8-18 所示。

图 8-18

Step 07 将时间移动到第 33 帧，调整足球落到地面，将 Y 坐标设置为 0cm，如图 8-19 所示。

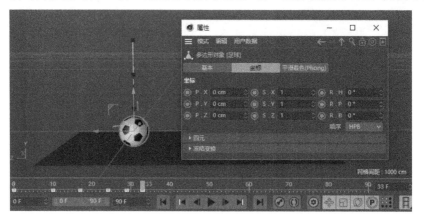

图 8-19

Step 08 将时间移动到第 35 帧，将 Y 坐标设置为 100cm，如图 8-20 所示。

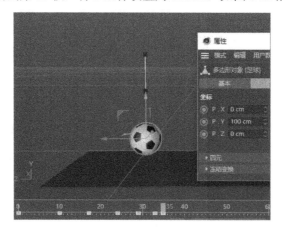

图 8-20

Step 09 将时间移动到第 37 帧，将 Y 坐标设置为 0cm，如图 8-21 所示。

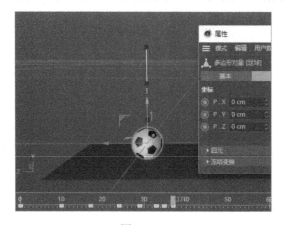

图 8-21

Step 10 将时间移动到第 38 帧，将 Y 坐标设置为 40cm，如图 8-22 所示。

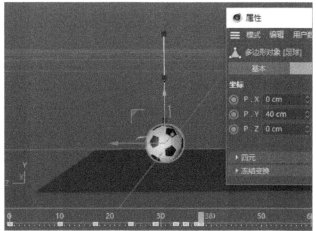

图 8-22

Step 11 将时间移动到第 39 帧，将 Y 坐标设置为 0cm，在 Y 坐标上添加关键帧，并将时间的总长度调整为 39 帧，如图 8-23 所示。

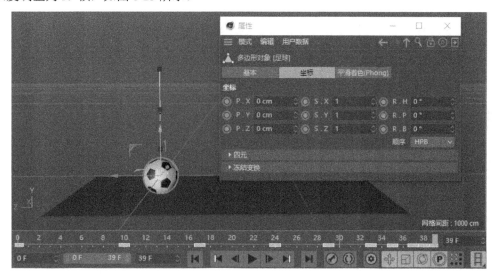

图 8-23

Step 12 单击"播放"按钮，可以播放足球动画。

Step 13 在"对象"面板中选择"足球"对象，单击鼠标右键，在弹出的快捷菜单中选择"显示函数曲线"命令，打开时间线窗口，函数曲线显示的是足球的 Y 坐标运动轨迹，如图 8-24 所示。

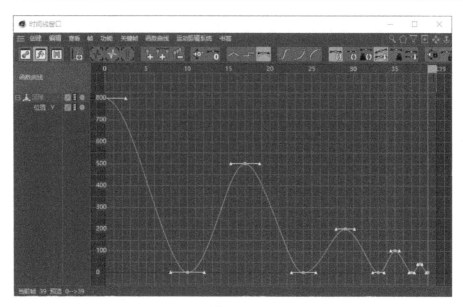

图 8-24

Step 14 选择曲线上的点，单击"断开切线"按钮![icon]，调整曲线，如图 8-25 所示。

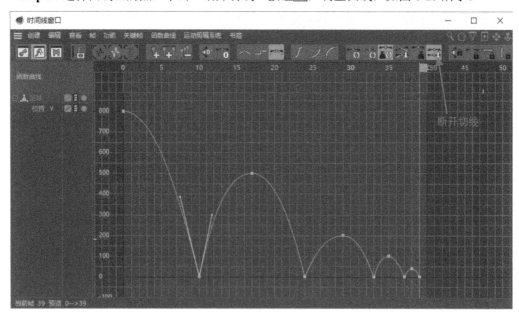

图 8-25

Step 15 单击"播放"按钮，可以播放足球动画。

Step 16 下面制作足球的水平移动动画。将时间的总长度设置为 55 帧。将时间移动到第 1 帧，在 Z 坐标上添加关键帧，如图 8-26 所示。

图 8-26

Step 17 将时间移动到第 55 帧，调整 Z 坐标，添加关键帧，如图 8-27 所示。

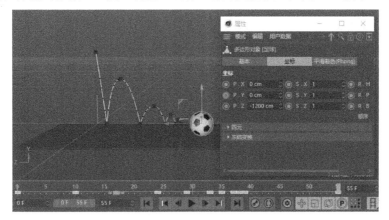

图 8-27

Step 18 打开函数曲线，可以看到 Z 坐标曲线，如图 8-28 所示。

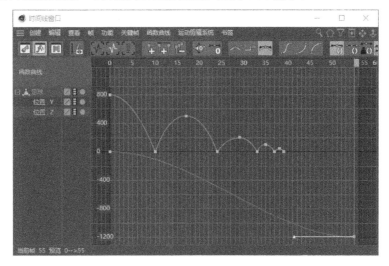

图 8-28

Step 19 选择曲线上的点，单击工具栏中的"线性"按钮，调整 Z 坐标曲线，如图 8-29 所示。

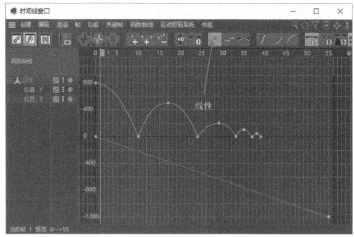

图 8-29

Step 20 单击"播放"按钮，播放足球动画。我们发现，在足球弹跳动画结束后，足球向右侧滑动。下面就要解决滑动的问题，让足球滚动起来。将时间移动到第 1 帧，给旋转属性添加关键帧，如图 8-30 所示。

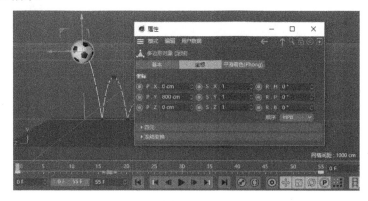

图 8-30

Step 21 将时间移动到第 55 帧，调整旋转属性，并添加关键帧，如图 8-31 所示。

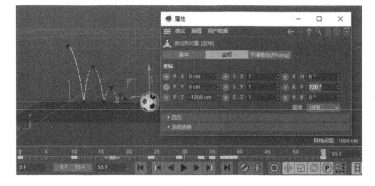

图 8-31

Step 22 打开函数曲线，选择"函数曲线"→"显示之前/之后曲线"命令，这样在时间线窗口中只显示选中的函数曲线，如图 8-32 所示。

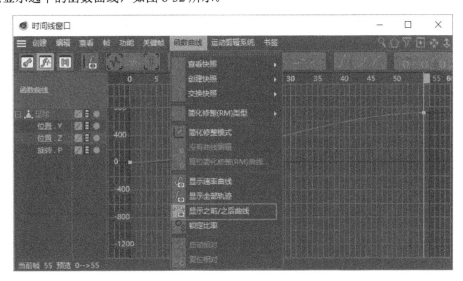

图 8-32

Step 23 选择曲线上的点，单击工具栏中的"线性"按钮，调整曲线，如图 8-33 所示。

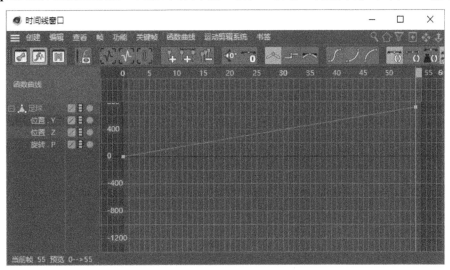

图 8-33

Step 24 单击"播放"按钮，即可观看足球动画。

8.5 路径动画

本节讲解路径动画的制作。具体操作步骤如下：

Step 01 选择"样条画笔"工具，在正视图中绘制一条曲线，绘制完成后按回车键确定，如

图 8-34 所示。

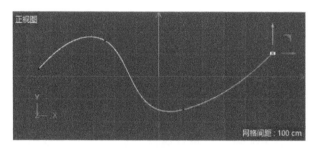

图 8-34

Step 02 切换到透视视图，选择移动工具，调整曲线上的点，使其不在一个平面上，如图 8-35 所示。

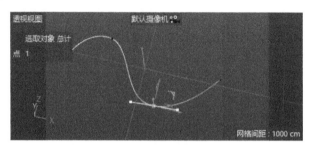

图 8-35

Step 03 选择"球体"工具，创建球体，如图 8-36 所示。

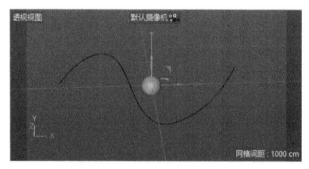

图 8-36

Step 04 调整球体的"半径"属性，如图 8-37 所示。

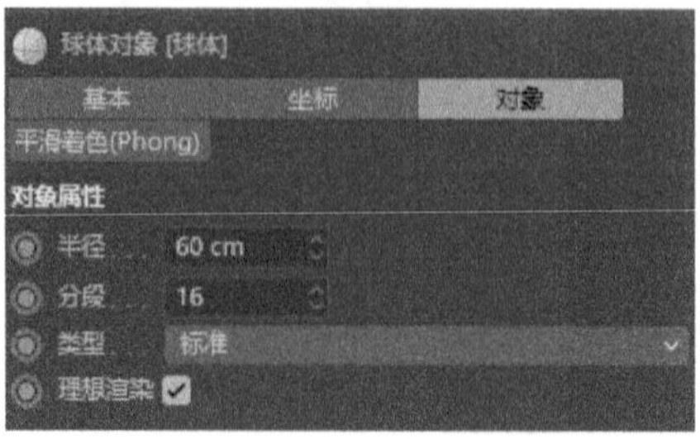

图 8-37

Step 05 在"对象"面板中选择"球体"对象，单击鼠标右键，在弹出的快捷菜单中选择"动画标签"→"对齐曲线"命令，给球体添加一个"对齐曲线"标签，如图 8-38 所示。

图 8-38

Step 06 在"对象"面板中单击"对齐曲线"标签，打开"属性"面板，将"对象"面板中的"样条"拖动到"属性"面板的"曲线路径"一栏中，如图 8-39 所示。

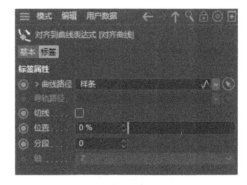

图 8-39

Step 07 这样，球体将对齐到路径上，如图 8-40 所示。

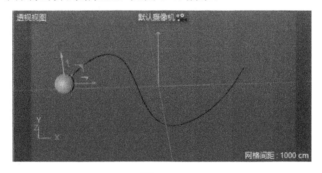

图 8-40

Step 08 将场景开始帧和结束帧分别设置为 0F 和 30F，如图 8-41 所示。

图 8-41

Step 09 将时间移动到第 0 帧，在"对齐曲线"标签的"属性"面板中，单击"位置"（此时的"位置"为 0%）前面的圆形按钮，添加关键帧，如图 8-42 所示（与图 8-40 效果一致）。

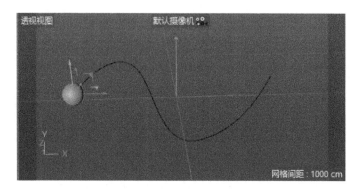

图 8-42

Step 10 将时间移动到第 30 帧，将"位置"移动到 100%，单击"位置"前面的圆形按钮，添加关键帧，如图 8-43 所示。

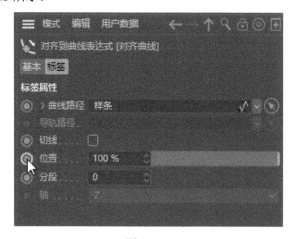

图 8-43

Step 11 单击"播放"按钮，将看到球体沿着路径移动的动画效果，如图 8-44 所示。

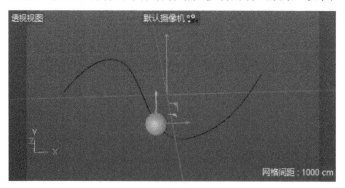

图 8-44

这样就完成了路径动画的制作。

第 9 章　综合案例

本章将综合运用之前讲解的知识，介绍复杂模型的制作及常规材质的调整。

9.1　排球模型

通过前面的学习，我们掌握了挤压、倒角、线性切割、多边形画笔等工具的使用，本节将应用这些工具来制作排球模型。

打开排球素材，我们先观察分析图片，如图 9-1 所示。

图 9-1

可以将排球看成包含 6 个面的球体，在图 9-2 中用红色线框选中其中的一个面。

图 9-2

可以看到，红色线框选中的面相当于一个大面，在一个大面的基础上，再分成 3 个小面，如图 9-3 所示。

图 9-3

这些面的排序有一定的规律，如我们看到的正面的规律就是白色、黄色、白色。那么，侧面的规律就是黄色、蓝色、黄色，上、下两个面的规律就是蓝色、白色、蓝色。

因此，可以总结规律为：正面和背面、左侧面和右侧面、上面和下面的颜色分别是相同的。下面根据这一规律来制作排球模型。具体操作步骤如下：

Step 01 单击工具栏中的"球体"按钮，创建球体，调整球体的属性，"类型"设置为"六面体"，"分段"设置为27，如图9-4所示。

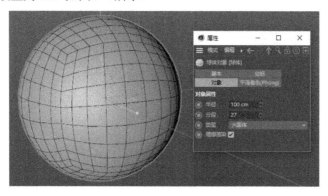

图9-4

Step 02 这样创建的球体就有6个面，按快捷键C将球体转换为可编辑的多边形对象。在这里展示六面体中的一个大面，如图9-5所示。

图9-5

Step 03 这个大面可以进一步细分。从垂直方向来看，再分成3等份，每个等份包含3个面。在编辑模式工具栏中选择"多边形"模式，选择移动工具，在球体上选择正面的多边形，如图9-6所示。

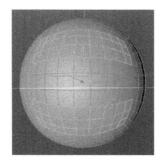

图9-6

Step 04 旋转视图到模型的背面，按 Shift 键加选两侧的多边形。背面的选择和正面的选择一样，最终结果就是正面和背面都选中了上、下部分的多边形，如图 9-7 所示。

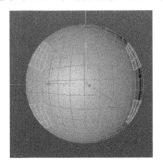

图 9-7

Step 05 选择"选择"→"设置选集"命令，给选中的多边形添加选集，如图 9-8 所示。

图 9-8

Step 06 在选集的"属性"面板中单击"隐藏多边形"按钮，将刚才的模型隐藏，如图 9-9 所示。

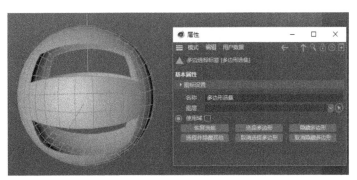

图 9-9

Step 07 选择移动工具，选择侧面的多边形，两侧都选中，如图 9-10 所示。

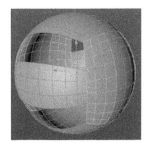

图 9-10

Step 08 选择"选择"→"设置选集"命令，给选中的多边形添加选集，如图 9-11 所示。

图 9-11

技巧与提示：

在第二次设置选集时，不能选择第一次设置好的选集。如果发现选择了第一次设置的选集，则需要在面板中的其他位置单击，取消选集选择。图 9-12 表示选集被选中。也可以单击"UVW 标签"，取消选集选择。

图 9-12

Step 09 在选集的"属性"面板中单击"隐藏多边形"按钮，将刚才的模型隐藏，如图 9-13 所示。

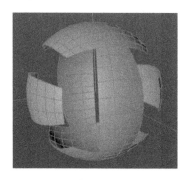

图 9-13

Step 10 再选择上面和下面两侧的多边形，如图 9-14 所示。

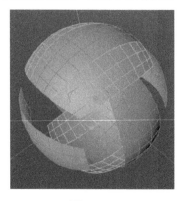

图 9-14

Step 11 选择"选择"→"设置选集"命令,给选中的多边形添加选集,如图 9-15 所示。

图 9-15

Step 12 在选集的"属性"面板中单击"隐藏多边形"按钮,将刚才的模型隐藏,如图 9-16 所示。

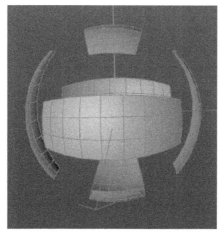

图 9-16

Step 13 选择移动工具,下面主要将每个面中间部分的多边形选中,再设置选集。我们将正面和背面中间部分的多边形选中,设置新的选集,如图 9-17 所示。

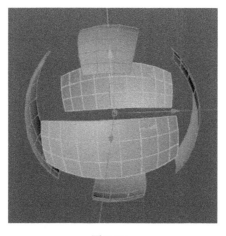

图 9-17

Step 14 设置选集后的效果如图 9-18 所示。单击"隐藏多边形"按钮,将刚才的模型隐藏,如图 9-19 所示。

图 9-18   图 9-19

Step 15 选择移动工具，选择上面和下面中间部分的多边形，再选择"选择"→"设置选集"命令，给选中的多边形添加选集，如图 9-20 所示。

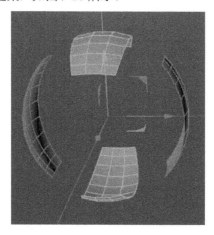

图 9-20

Step 16 单击"隐藏多边形"按钮，将刚才的模型隐藏，如图 9-21 所示。

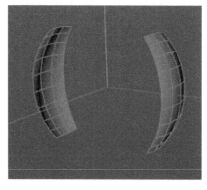

图 9-21

Step 17 将剩下的多边形都选中，再设置新的选集，如图 9-22 所示。

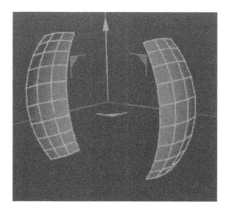

图 9-22

Step 18 这样共创建了 6 个选集，如图 9-23 所示。

图 9-23

Step 19 选择所有选集，在"属性"面板中单击"取消隐藏多边形"按钮，将所有的多边形都显示出来，如图 9-24 所示。

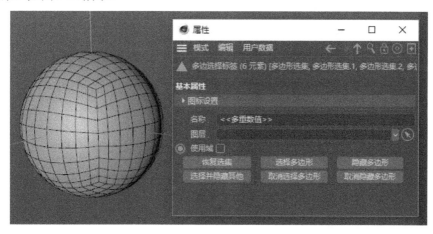

图 9-24

Step 20 在"材质"面板中双击创建一个材质，如图 9-25 所示。

图 9-25

Step 21 双击材质球，打开材质编辑器，调整颜色为"黄色"，如图 9-26 所示。

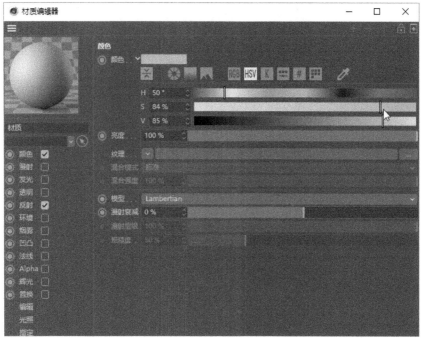

图 9-26

Step 22 用同样的方法再创建两个材质，一个材质的颜色调整为"白色"，另一个材质的颜色调整为"蓝色"，如图 9-27 所示。

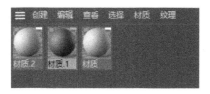

图 9-27

Step 23 双击第一个选集，这样就在视图中选择了多边形，将白色的材质球拖动到模型上，如图 9-28 所示。

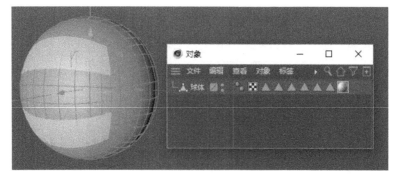

图 9-28

Step 24 选择第二个选集，将黄色的材质球拖动到模型上，如图 9-29 所示。

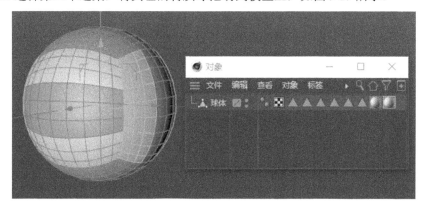

图 9-29

Step 25 选择第三个选集，将蓝色的材质球拖动到模型上，如图 9-30 所示。

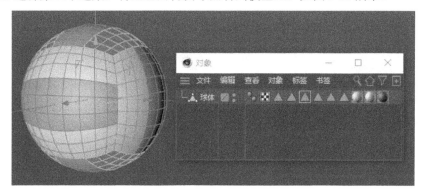

图 9-30

Step 26 选择第四个选集，将黄色的材质球拖动到模型上；选择第五个选集，将白色的材质球拖动到模型上；选择第六个选集，将蓝色的材质球拖动到模型上，如图 9-31 所示。

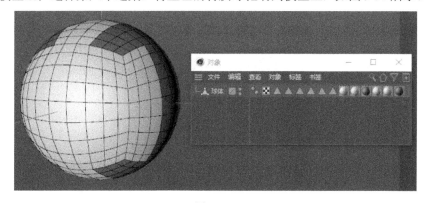

图 9-31

Step 27 双击第一个选集，选中多边形，单击鼠标右键，在弹出的快捷菜单中选择"挤压"命令，挤压多边形，"偏移"设置为 4cm，按空格键确定，如图 9-32 所示。

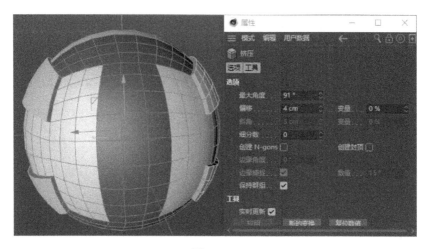

图 9-32

Step 28 再次选择"挤压"命令，挤压多边形，"偏移"设置为 2cm，如图 9-33 所示。

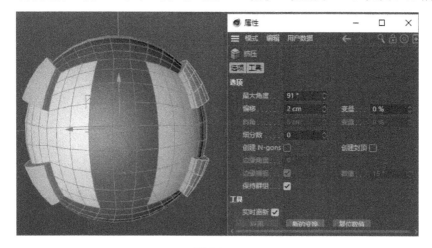

图 9-33

Step 29 用同样的方法，选择第二个选集，进行两次挤压，效果如图 9-34 所示。

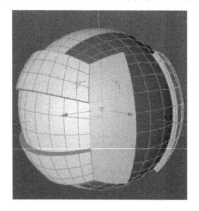

图 9-34

Step 30 将第 3～6 个选集用同样的方法挤压两次，效果如图 9-35 所示。

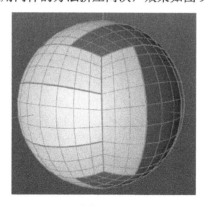

图 9-35

Step 31 在"对象"面板中选择"球体"对象，按 Alt 键，单击"细分曲面"按钮，可以将球体设置为细分曲面的子层级，如图 9-36 所示。

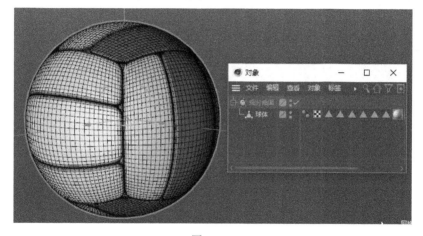

图 9-36

Step 32 在视图窗口的菜单栏中选择"显示"→"光影着色"命令，隐藏模型线框，就可以看到排球细分之后的效果，如图 9-37 所示。

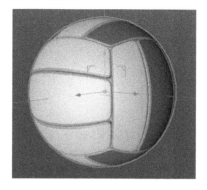

图 9-37

Step 33 在"对象"面板中单击"细分曲面"对象后的 ✓ 按钮，可以将细分曲面关闭，如图 9-38 所示。

图 9-38

Step 34 选择所有的选集，在"属性"面板中单击"隐藏多边形"按钮，我们将看到挤压的部分，因为没有给这部分设置选集，如图 9-39 所示。

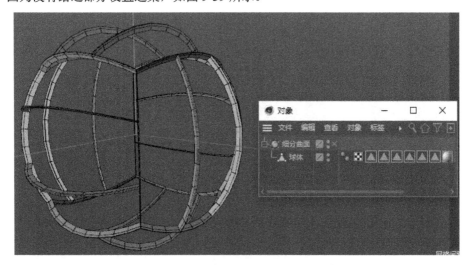

图 9-39

Step 35 在编辑模式工具栏中选择"边"模式，选择转折的边，如图 9-40 所示。

图 9-40

Step 36 单击鼠标右键，在弹出的快捷菜单中选择"倒角"命令，设置"倒角模式"为"实体"，"偏移"为 2cm，如图 9-41 所示。

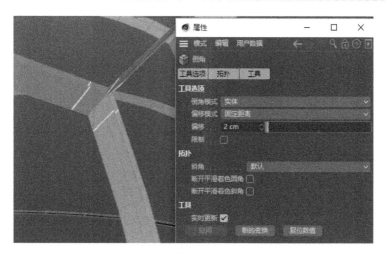

图 9-41

Step 37 选择所有的选集，在"属性"面板中单击"取消隐藏多边形"按钮，显示所有模型，开启细分曲面显示，这样倒角的边缘结构变硬，如图 9-42 所示。

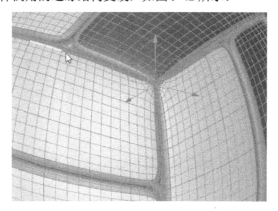

图 9-42

Step 38 在视图窗口的菜单栏中选择"选项"→"材质"命令，关闭材质显示，我们将看到倒角的边缘不再变形，如图 9-43 所示。

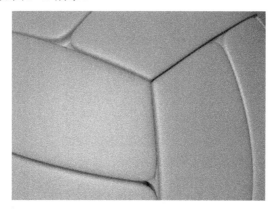

图 9-43

Step 39 用同样的方法，选择转折的边进行倒角操作，设置相同的参数，最终效果如图 9-44 所示。

图 9-44

扩展知识：

我们需要掌握选区的扩展，通过选区的扩展，给模型重新赋予材质。

具体操作步骤如下：

Step 01 在视图窗口的菜单栏中选择"选项"→"材质"命令，显示模型的材质，如图 9-45 所示。

图 9-45

Step 02 通过图 9-45 可以看到，每块颜色的边缘都是灰色，因为我们之前是通过颜色的选集来方便挤压模型的。如果将边缘也上色，则需要重新设置选集，然后重新给模型赋予材质。先关闭细分曲面，如图 9-46 所示。

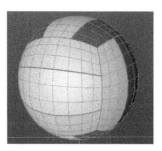

图 9-46

Step 03 双击第一个选集，选中第一个选集的面，然后选择"选择"→"扩展选区"命令，扩展选区两次。因为之前的侧面被挤压了两次，这样扩展才能够选中侧面，如图 9-47 所示。

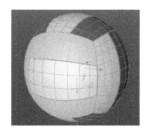

图 9-47

Step 04 选择"选择"→"设置选集"命令，给选中的面重新设置选集，这时在"对象"面板中就多了一个选集，如图 9-48 所示。

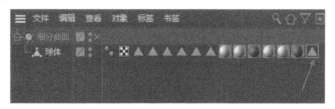

图 9-48

Step 05 分别选中第 2～6 个选集，扩展选区两次，重新设置选集，这样就又多了 6 个新的选集，新的选集包括侧面的挤压，如图 9-49 所示。

图 9-49

Step 06 选中新的选集，分别拖动材质球到模型上，如图 9-50 所示。

图 9-50

Step 07 再来观察模型，可以看到边缘挤压的面被赋予了材质，如图 9-51 所示。

图 9-51

通过对本案例的学习，需要掌握多边形模型的挤压和倒角，以及设置选集和扩展选区的应用。

9.2 电视机产品案例

本节以电视机产品为例,讲解产品展示模型的制作。

9.2.1 底座模型制作

先分析一下素材,如图 9-52 所示。

图 9-52

从图 9-52 中可以看出,建模可以分为 4 部分,分别是底座模型制作、装饰元素模型制作、电视机模型制作和 Logo 制作。下面来制作底座模型。具体操作步骤如下:

Step 01 单击工具栏中的"圆柱"按钮,创建圆柱,并调整属性,如图 9-53 所示。

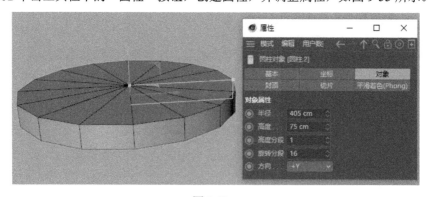

图 9-53

Step 02 按快捷键 C 将圆柱转换为可编辑的多边形对象。在编辑模式工具栏中选择"边"模式,单击鼠标右键,在弹出的快捷菜单中选择"循环/路径切割"命令,给顶部的面添加一条循环边,给侧面添加两条循环边,如图 9-54 所示。

图 9-54

Step 03 在编辑模式工具栏中选择"多边形"模式，选择"框选"工具，框选侧面中间的面，单击鼠标右键，在弹出的快捷菜单中选择"挤压"命令，挤压面，如图 9-55 所示。

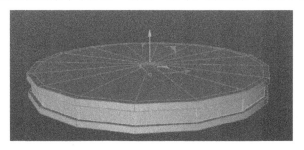

图 9-55

Step 04 选择顶部的面，单击鼠标右键，在弹出的快捷菜单中选择"挤压"命令，给模型向下挤压面，如图 9-56 所示。

图 9-56

Step 05 在编辑模式工具栏中选择"边"模式，给转折的边进行卡边处理，如图 9-57 所示。

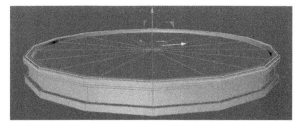

图 9-57

Step 06 选中模型，按 Alt 键，单击工具栏中的"细分曲面"按钮，给模型添加细分曲面效果，如图 9-58 所示。

图 9-58

Step 07 单击工具栏中的"立方体"按钮，创建立方体，并调整属性，如图 9-59 所示。

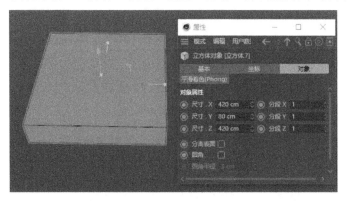

图 9-59

Step 08 按快捷键 C 将立方体转换为可编辑的多边形对象。切换到"边"模式，选择 4 个角的边，如图 9-60 所示。

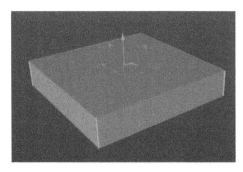

图 9-60

Step 09 单击鼠标右键，在弹出的快捷菜单中选择"倒角"命令，给边进行倒角处理，并调整倒角参数，如图 9-61 所示。

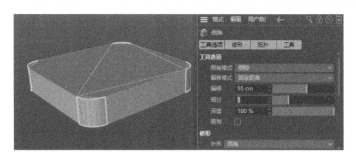

图 9-61

Step 10 按空格键确定。单击鼠标右键，在弹出的快捷菜单中选择"循环/路径切割"命令，给模型的侧面添加循环边，如图 9-62 所示。

图 9-62

Step 11 切换到"多边形"模式，选择上部和底部的面，单击鼠标右键，在弹出的快捷菜单中选择"内部挤压"命令，给模型挤压面，如图 9-63 所示。

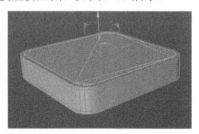

图 9-63

Step 12 切换到"模型"模式，选中模型，按 Alt 键，单击工具栏中的"细分曲面"按钮，给模型添加细分曲面效果，如图 9-64 所示。

图 9-64

Step 13 单击工具栏中的"立方体"按钮，创建立方体，并调整属性，如图9-65所示。

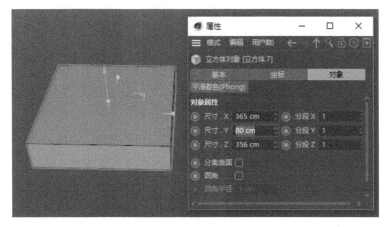

图 9-65

Step 14 按快捷键C将立方体转换为可编辑的多边形对象。切换到"边"模式，选择模型所有的边，单击鼠标右键，在弹出的快捷菜单中选择"倒角"命令，给边进行倒角处理，如图9-66所示。

图 9-66

Step 15 选择"框选"工具，选择模型所有的边，单击鼠标右键，在弹出的快捷菜单中选择"倒角"命令，给模型进行倒角处理，并调整倒角参数，如图9-67所示。

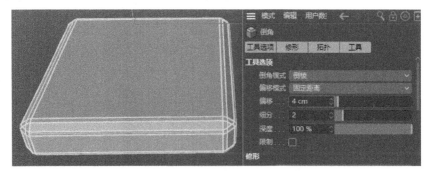

图 9-67

Step 16 选中模型，按 Alt 键，单击工具栏中的"细分曲面"按钮，给模型添加细分曲面效果，如图9-68所示。

图 9-68

Step 17 单击工具栏中的"立方体"按钮,创建立方体,并调整属性,如图 9-69 所示。

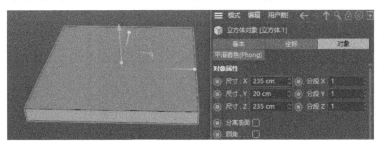

图 9-69

Step 18 按快捷键 C 将立方体转换为可编辑的多边形对象。切换到"边"模式,选择 4 个角的边,如图 9-70 所示。

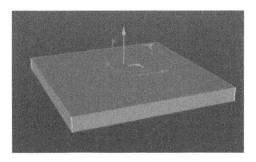

图 9-70

Step 19 单击鼠标右键,在弹出的快捷菜单中选择"倒角"命令,给边进行倒角处理,如图 9-71 所示。

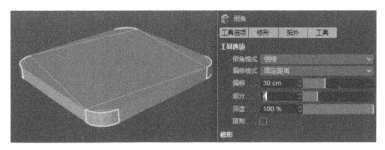

图 9-71

Step 20 按空格键确定。选中模型，按 Ctrl 键，选择移动工具，向上移动复制模型，并通过缩放调整模型的大小，如图 9-72 所示。

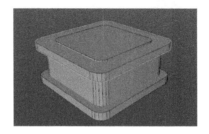

图 9-72

Step 21 给每个模型进行卡边处理，如图 9-73 所示。

图 9-73

Step 22 分别选中模型，按 Alt 键，单击工具栏中的"细分曲面"按钮，给模型添加细分曲面效果，如图 9-74 所示。

图 9-74

Step 23 制作完成的底座模型如图 9-75 所示。

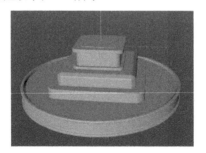

图 9-75

9.2.2　装饰元素模型制作

下面制作底座周边的装饰元素模型。具体操作步骤如下：

Step 01 单击工具栏中的"矩形"按钮，创建矩形，并调整矩形的形状，如图 9-76 所示。

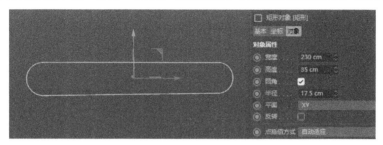

图 9-76

Step 02 按 Alt 键，单击工具栏中的"挤压"按钮，给圆角矩形挤压出厚度，如图 9-77 所示。

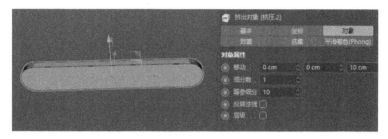

图 9-77

Step 03 按快捷键 C 将圆角矩形转换为可编辑的多边形对象。切换到"多边形"模式，选择模型前面的面，如图 9-78 所示。

图 9-78

Step 04 单击鼠标右键，在弹出的快捷菜单中选择"内部挤压"命令，按空格键确定；再次按空格键，再次挤压，将选中的面向内部挤压，如图 9-79 所示。

图 9-79

Step 05 单击鼠标右键，在弹出的快捷菜单中选择"循环/路径切割"命令，给模型进行卡边处理，并添加细分曲面效果。

Step 06 单击工具栏中的"圆柱"按钮，创建圆柱，并调整至合适的大小，再复制一个圆柱模型，如图 9-80 所示。

图 9-80

Step 07 用同样的方法再创建一个圆角矩形，再进行挤压和添加循环边，如图 9-81 所示。

图 9-81

Step 08 选择"文本"工具，输入文本"新品发布"，并调整字体和文字大小，如图 9-82 所示。

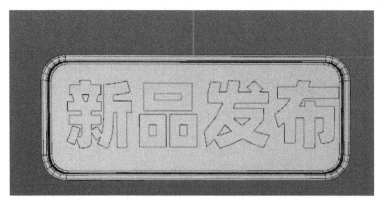

图 9-82

Step 09 选择"文本"对象，单击工具栏中的"挤压"按钮，给文本挤压出厚度，如图 9-83 所示。

图 9-83

Step 10 单击工具栏中的"矩形"按钮，创建矩形，调整矩形大小，勾选"圆角"复选框，如图 9-84 所示。

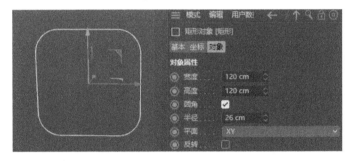

图 9-84

Step 11 按快捷键 C 将矩形转换为可编辑的多边形对象，在"属性"面板中取消勾选"闭合样条"复选框，如图 9-85 所示。

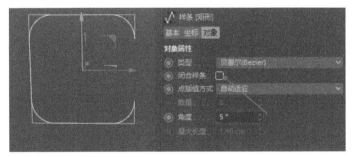

图 9-85

Step 12 在编辑模式工具栏中选择"点"模式，删除点，调整后的效果如图 9-86 所示。

图 9-86

Step 13 绘制一个圆环，调整圆环大小；单击工具栏中的"扫描"按钮，将圆环和编辑过的矩形拖动到"扫描"对象下，如图 9-87 所示。

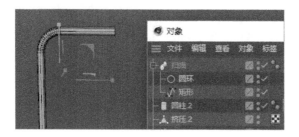

图 9-87

Step 14 复制 9 个模型，如图 9-88 所示。

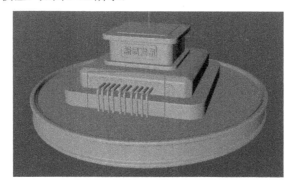

图 9-88

Step 15 单击工具栏中的"立方体"按钮，创建立方体，调整立方体大小，再复制一个立方体模型，如图 9-89 所示。

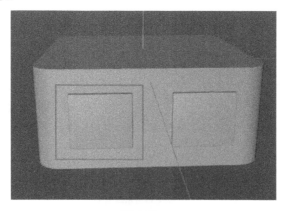

图 9-89

Step 16 单击工具栏中的"样条画笔"按钮，绘制样条，如图 9-90 所示。

图 9-90

Step 17 选择样条，按 Alt 键，单击工具栏中的"旋转"按钮，旋转样条，如图 9-91 所示。

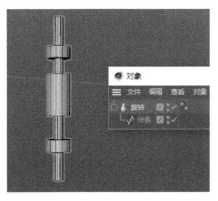

图 9-91

Step 18 移动模型到合适的位置，并旋转模型，如图 9-92 所示。

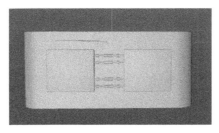

图 9-92

Step 19 单击工具栏中的"球体"按钮，创建球体，修改球体半径大小，调整球体位置，如图 9-93 所示。

图 9-93

Step 20 单击工具栏中的"管道"按钮，创建管道模型，调整管道切片，"终点"设置为180°，如图9-94所示。

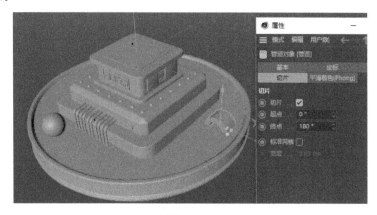

图9-94

9.2.3 电视机模型制作

下面讲解电视机模型的制作，对创建的立方体进行编辑修改即可。具体操作步骤如下：

Step 01 单击工具栏中的"立方体"按钮，创建立方体，调整立方体的形状，如图9-95所示。

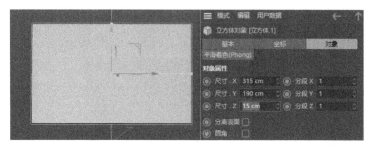

图9-95

Step 02 按快捷键C将立方体转换为可编辑的多边形对象。在编辑模式工具栏中选择"多边形"模式，选择前面的面，单击鼠标右键，在弹出的快捷菜单中选择"内部挤压"命令，向里挤压，如图9-96所示。

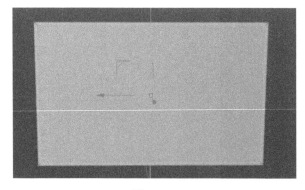

图9-96

Step 03 按空格键确定。再次向里挤压，如图 9-97 所示。

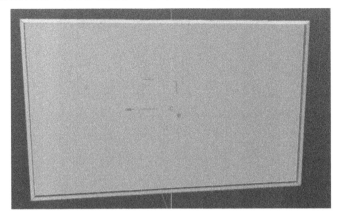

图 9-97

Step 04 选择中间的面，单击鼠标右键，在弹出的快捷菜单中选择"分裂"命令，将里面的面分裂出来，用来制作屏幕的贴图。

Step 05 给创建好的模型进行卡边处理，如图 9-98 所示。

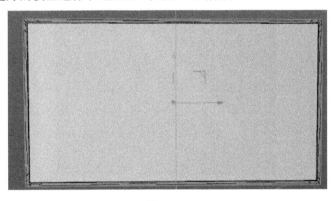

图 9-98

Step 06 单击工具栏中的"立方体"按钮，创建立方体，缩放至合适的大小，如图 9-99 所示。

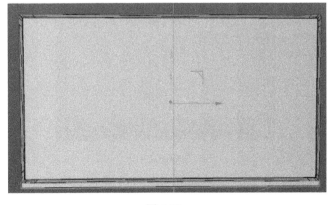

图 9-99

Step 07 选择"样条画笔"工具，绘制样条，用于制作电视机支架，如图 9-100 所示。

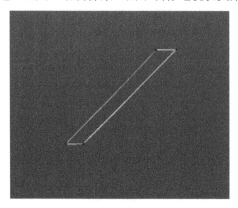

图 9-100

Step 08 选择"样条"对象，按 Alt 键，单击工具栏中的"挤压"按钮，挤压效果如图 9-101 所示。

图 9-101

Step 09 复制支架，并调整位置，如图 9-102 所示。

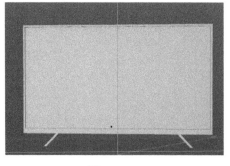

图 9-102

Step 10 将电视机模型成组，并将模型旋转 45°，如图 9-103 所示。

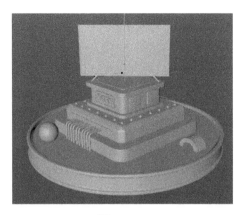

图 9-103

Step 11 选择"文件"→"存储"命令，保存模型。

9.2.4 Logo 制作

下面讲解 Logo 的制作。具体操作步骤如下：

Step 01 打开"双 11"Logo 文件，如图 9-104 所示。

图 9-104

Step 02 选择"样条"对象，单击工具栏中的"挤压"按钮，调整挤压对象的属性，如图 9-105 所示。

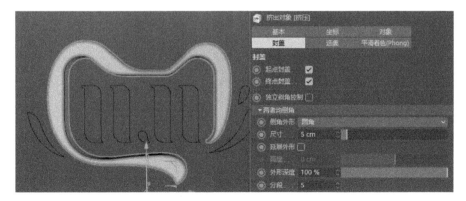

图 9-105

Step 03 用同样的方法再挤压其他样条，如图 9-106 所示。

图 9-106

Step 04 在"对象"面板中复制一份样条,将样条向后移动,调整挤压的属性,勾选"外侧倒角"复选框,"外形深度"设置为-100%,如图 9-107 所示。

图 9-107

Step 05 用同样的方法调整其他样条的挤压效果,如图 9-108 所示。

图 9-108

Step 06 旋转 Logo,这样就完成了模型的整体制作,效果如图 9-109 所示。

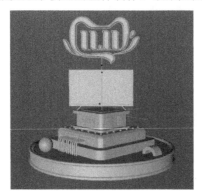

图 9-109

9.2.5 材质调整

下面讲解材质的调整。

1. 主体材质

这个场景的大部分材质采用的是橙色材质，颜色设置为"橙色"，如图9-110所示。

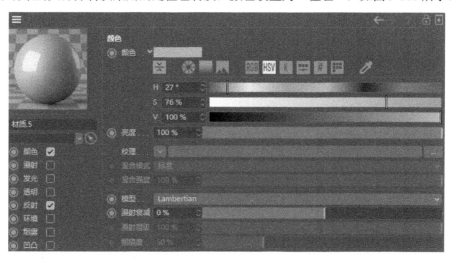

图 9-110

在"反射"选项下，添加"GGX"反射类型，设置数量为5%，如图9-111所示。

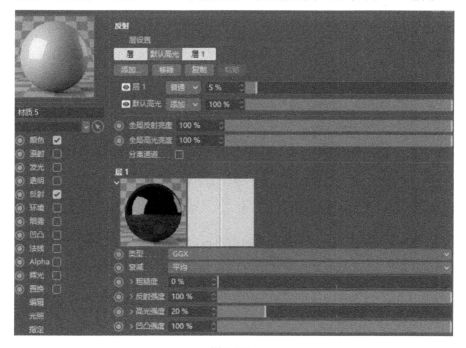

图 9-111

2. 金属材质

Logo 颜色设置为金属材质，主要设置"反射"选项。在"反射"选项下，"层颜色"设置为"黄色"，"粗糙度"设置为 23%，如图 9-112 所示。

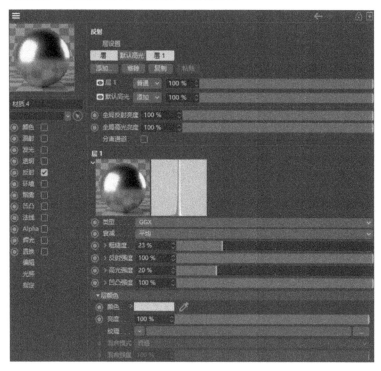

图 9-112

3. 文字材质

文字材质主要设置材质的颜色和反射，颜色设置为"蓝色"，如图 9-113 所示。

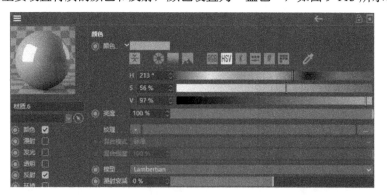

图 9-113

在"反射"选项下，添加"GGX"反射类型，设置数量为 9%，"粗糙度"为 0%，如图 9-114 所示。

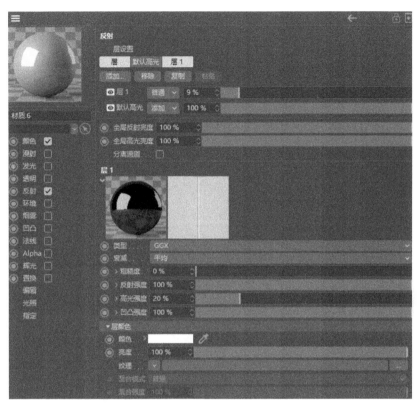

图 9-114

4．屏幕材质

屏幕材质主要通过素材图片来实现。在"颜色"选项下，"纹理"选择"加载图像"，选择"背景素材.jpg"文件载入，如图 9-115 所示。

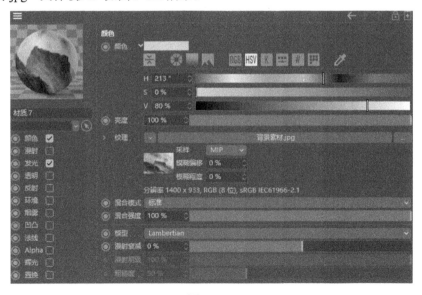

图 9-115

5. 边框颜色

电视机边框的颜色设置为浅色，如图 9-116 所示。

图 9-116

在"反射"选项下，添加"GGX"反射类型，设置数量为 22%，"粗糙度"为 5%，如图 9-117 所示。

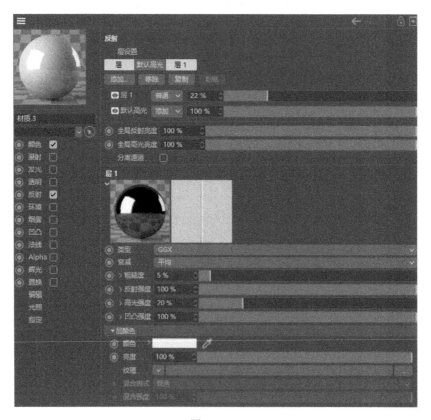

图 9-117

将调整好的材质拖动给模型，效果如图 9-118 所示。

图 9-118

9.2.6 渲染设置

下面给场景添加灯光、HDR 文件和设置渲染属性。具体操作步骤如下：

Step 01 按快捷键 Shift+F8，打开"内容浏览器"面板，如图 9-119 所示。

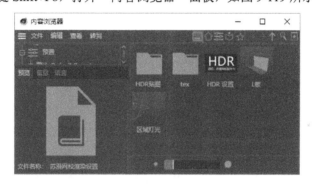

图 9-119

Step 02 双击"区域灯光"，给场景添加灯光。

Step 03 双击"HDR 设置"，给场景添加 HDR 文件。

Step 04 打开"HDR 贴图"，选择 HDR 贴图拖动到 HDR 文件上，如图 9-120 所示。

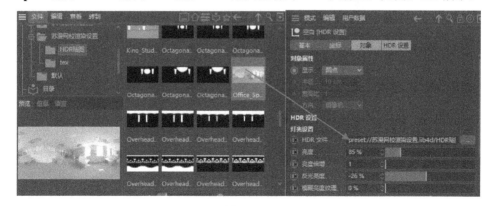

图 9-120

Step 05 选择"HDR 设置"对象，调整 HDR 属性，如图 9-121 所示。

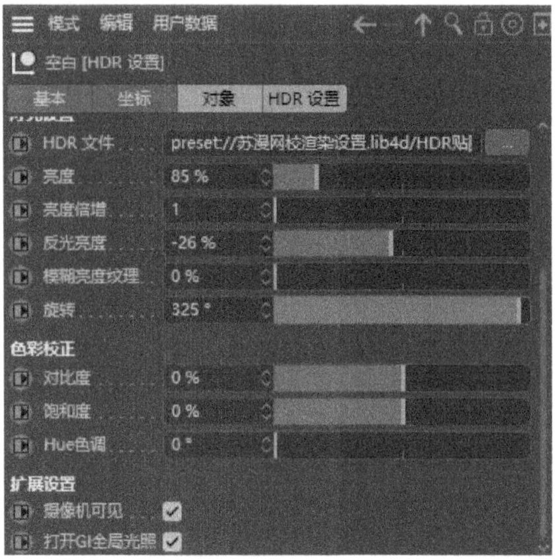

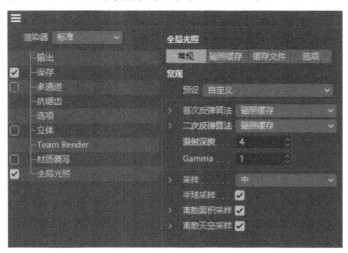

图 9-121

Step 06 单击工具栏中的"编辑渲染设置"按钮，打开"渲染设置"对话框，单击"效果"按钮，选择"全局光照"，调整渲染设置参数，如图 9-122 所示。

图 9-122

Step 07 切换到"辐照缓存"选项卡，"记录密度"设置为"预览"，"平滑"设置为 100%，如图 9-123 所示。

图 9-123

Step 08 选择"创建"→"场景"→"地面"命令，创建地面，给地面添加默认的材质球。渲染场景效果如图 9-52 所示。

第 10 章　电商海报案例

本章使用 Cinema 4D 制作电商海报。电商海报案例将从模型制作、灯光、材质、渲染和合成这 5 个部分进行讲解,使读者掌握电商海报在 Cinema 4D 中的制作流程。

 10.1　模型制作

打开海报素材,如图 10-1 所示。

图 10-1

先来分析一下这个海报,这个海报主要由文字 Logo、背景图形和辅助元素组成。下面讲解具体的制作过程。

1."双 11"模型制作

具体操作步骤如下:

Step 01 使用 Illustrator 软件打开素材中提供的 AI 文件,如图 10-2 所示。

图 10-2

Step 02 单击"文件"菜单，存储为"双 11.ai"文件，版本选择"Illustrator 8"，如图 10-3 所示。

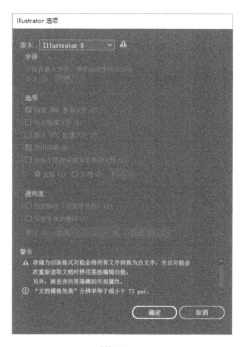

图 10-3

Step 03 打开 Cinema 4D 软件，选择 AI 文件，"缩放"输入 20，如图 10-4 所示。

图 10-4

Step 04 单击"确定"按钮，打开 AI 文件，如图 10-5 所示。

图 10-5

Step 05 选择样条路径，按 Alt 键，单击工具栏中的"挤压"按钮，挤压样条，如图 10-6 所示。

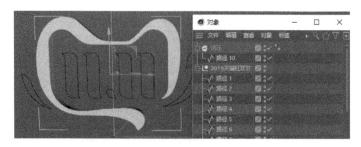

图 10-6

Step 06 选择"挤压"对象，打开"属性"面板，如图 10-7 所示。

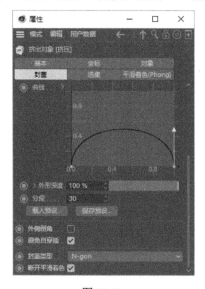

图 10-7

Step 07 单击"载入预设"按钮，弹出预设效果，选择"Half Circle"，如图 10-8 所示。

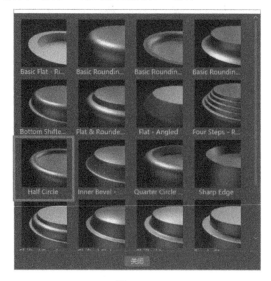

图 10-8

Step 08 载入预设后，模型效果如图 10-9 所示。

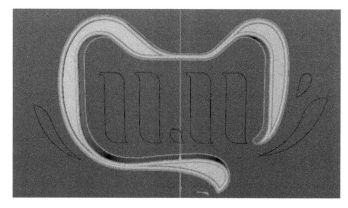

图 10-9

Step 09 用同样的方法挤压其他样条，效果如图 10-10 所示。

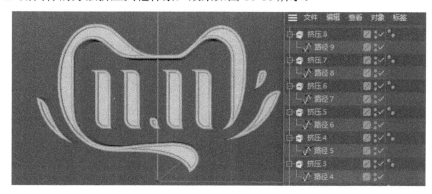

图 10-10

Step 10 选择文字路径，选择"天"字，添加"挤压"生成器，如图 10-11 所示。

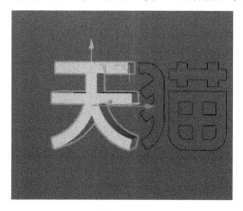

图 10-11

Step 11 调整"天"字的挤压属性，如图 10-12 所示。

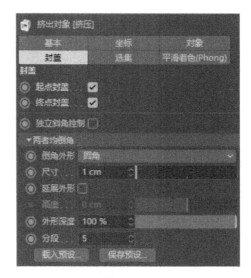

图 10-12

Step 12 用同样的方法再挤压其他样条，效果如图 10-13 所示。

图 10-13

Step 13 用同样的方法制作"2019"样条的挤压效果，如图 10-14 所示。

图 10-14

这样就完成了"双 11"模型的制作，保存即可。

2．背景模型制作

具体操作步骤如下：

Step 01 单击工具栏中的"圆柱"按钮，创建圆柱，旋转圆柱方向，设置旋转 *Y* 坐标为 90°，旋转效果如图 10-15 所示。

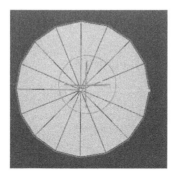

图 10-15

Step 02 调整圆柱的属性，将半径调大，高度调小，设置"旋转分段"为 64、"高度分段"为 1，如图 10-16 所示。

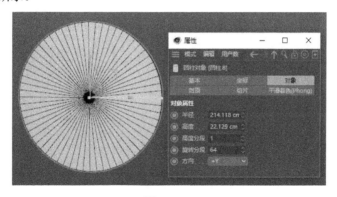

图 10-16

Step 03 在"属性"面板中切换到"封顶"选项卡，勾选"圆角"复选框，调整圆角半径，创建一个圆柱，如图 10-17 所示。

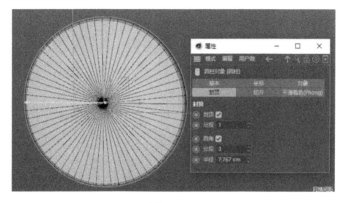

图 10-17

Step 04 用同样的方法再创建 3 个圆柱，调整半径到合适的大小，效果如图 10-18 所示。也可以直接复制圆柱，然后修改半径大小。

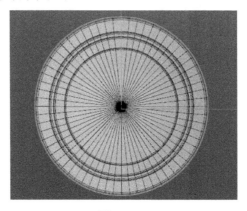

图 10-18

Step 05 单击工具栏中的"圆环"按钮，创建一个圆环，这些几何体都居中对齐，调整参数，如图 10-19 所示。

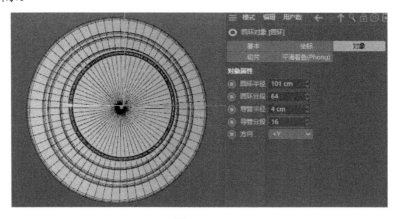

图 10-19

Step 06 再创建一个圆柱，将其放置在圆环中，如图 10-20 所示。

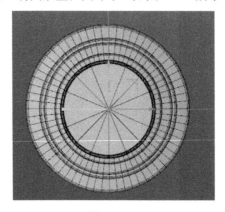

图 10-20

Step 07 单击工具栏中的"球体"按钮，创建一个球体，调整球体的半径大小，如图 10-21 所示。

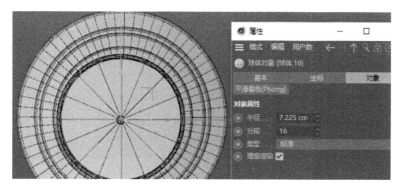

图 10-21

Step 08 选择"运动图形"→"克隆"命令，创建克隆对象，在"对象"面板中将球体拖动成为克隆对象的子层级，如图 10-22 所示。

图 10-22

Step 09 在"属性"面板中调整克隆对象的属性，"模式"设置为"放射"，"数量"设置为 36，调整半径到合适的大小，"平面"设置为"XY"，如图 10-23 所示。

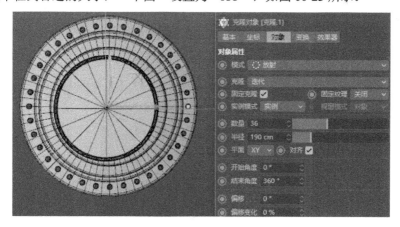

图 10-23

3. 底座模型制作

具体操作步骤如下：

Step 01 选择"圆柱"工具，创建圆柱，这个圆柱是垂直向下的，调整半径、高度、高度分段和旋转分段，如图 10-24 所示。

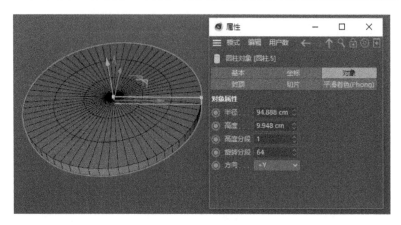

图 10-24

Step 02 调整 "封顶" 选项卡下的参数，如图 10-25 所示。

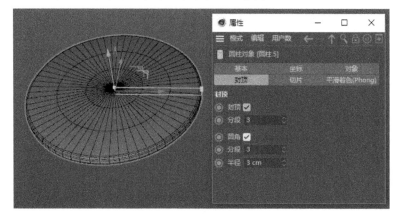

图 10-25

Step 03 用同样的方法再创建两个圆柱，调整到合适的大小，如图 10-26 所示。

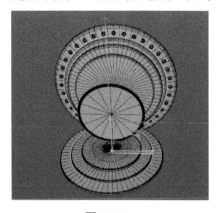

图 10-26

4．装饰形状制作

具体操作步骤如下：

Step 01 选择"样条画笔"工具，在正视图中绘制不规则的图形，如图 10-27 所示。

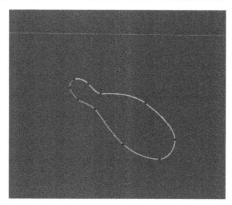

图 10-27

Step 02 按 Alt 键，单击"挤压"按钮，将样条挤压成模型，在"属性"面板的"对象"选项卡下调整挤压的厚度为 5cm，如图 10-28 所示。

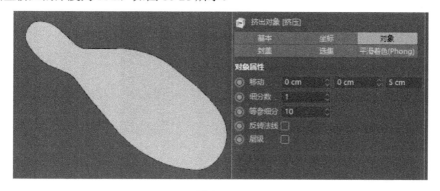

图 10-28

Step 03 切换到"封盖"选项卡，调整"尺寸"为 3cm，"分段"为 5，如图 10-29 所示。

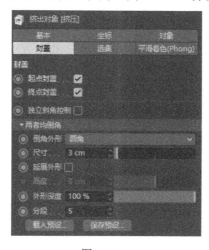

图 10-29

Step 04 调整好的效果如图 10-30 所示。

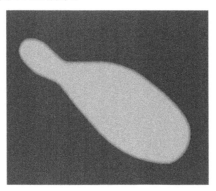

图 10-30

Step 05 选择"样条画笔"工具，再绘制一个不规则的图形，如图 10-31 所示。

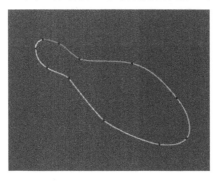

图 10-31

Step 06 再给样条添加挤压对象，并调整挤压的参数，这样就绘制了两个不规则的形状对象，如图 10-32 所示。

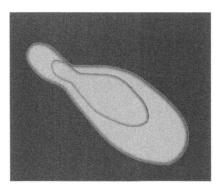

图 10-32

Step 07 选择这两个形状对象，按 Ctrl 键旋转复制 3 个，并且调整曲线的轮廓，如图 10-33 所示。

图 10-33

Step 08 单击工具栏中的"球体"按钮，创建球体，调整球体的半径大小；复制多个球体，对球体进行缩放，并调整至合适的位置，如图 10-34 所示。

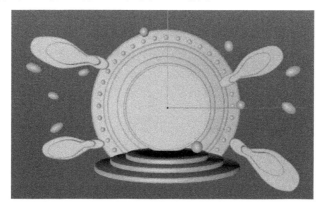

图 10-34

5．背景球体制作

具体操作步骤如下：

Step 01 在场景中创建一个球体，调整球体的半径大小，如图 10-35 所示。

图 10-35

Step 02 选择"运动图形"→"克隆"命令，创建克隆对象，将球体拖动成为克隆对象的子层级，并调整克隆对象的属性，如图 10-36 所示。

图 10-36

Step 03 这时背景显示很多点状的球体，如图 10-37 所示。

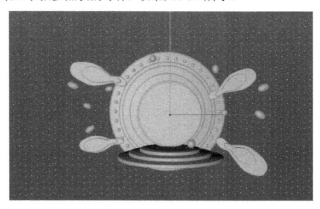

图 10-37

Step 04 选择克隆对象，选择"运动图形"→"效果器"→"随机"命令，给克隆对象添加一个随机效果。选择"随机"对象，调整强度、最大和最小参数，如图 10-38 所示。

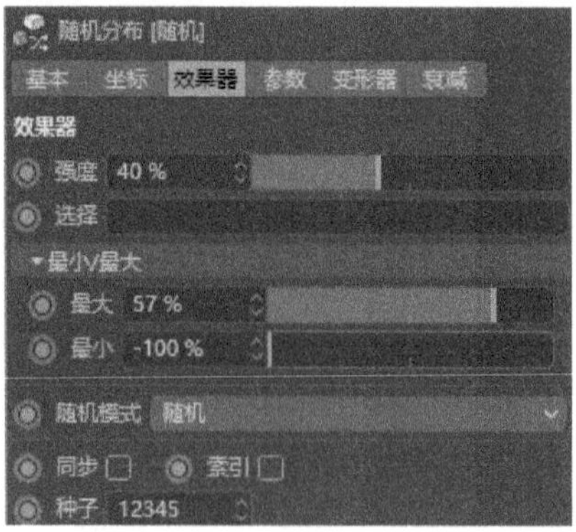

图 10-38

Step 05 调整之后，背景的球体排列将产生随机效果，如图 10-39 所示。

图 10-39

Step 06 保存模型。

6．合并场景

具体操作步骤如下：

Step 01 打开 Logo 模型，选择模型，按快捷键 Ctrl+C 复制模型；打开刚才的场景模型，按快捷键 Ctrl+V 粘贴模型，如图 10-40 所示。

图 10-40

Step 02 选择 Logo 对象，按 Ctrl 键，向后移动复制两次，如图 10-41 所示。

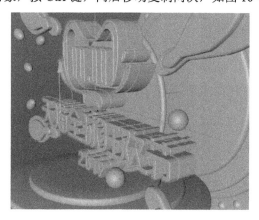

图 10-41

10.2 材质

这个案例的材质调整以颜色为主，给部分材质添加反射效果。

1．背景圆柱材质

具体操作步骤如下：

Step 01 在"材质"面板中双击创建一个材质，调整颜色为"紫色"，如图 10-42 所示。

图 10-42

Step 02 背景 3 个圆柱的颜色接近，可以创建 3 个材质，微调颜色即可，然后将材质赋予模型，效果如图 10-43 所示。

图 10-43

Step 03 再创建一个材质，调整颜色为"紫色"，如图 10-44 所示。

图 10-44

Step 04 将材质赋予前面的圆柱，效果如图 10-45 所示。

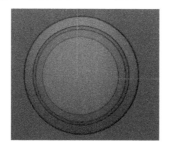

图 10-45

2．圆环发光材质

具体操作步骤如下：

Step 01 创建一个材质，打开材质编辑器，在"颜色"选项下，"纹理"添加"渐变"，如图 10-46 所示。

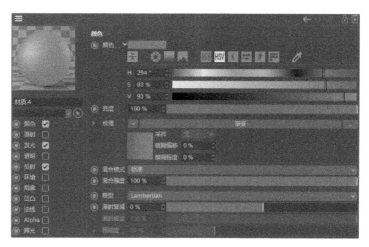

图 10-46

Step 02 勾选"发光"复选框，复制"颜色"选项下的纹理着色器，粘贴到"发光"选项下的纹理中，如图 10-47 所示。

图 10-47

3．红色材质

创建一个材质，设置颜色为"红色"，如图 10-48 所示。

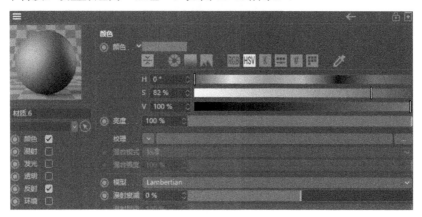

图 10-48

将圆环发光材质和红色材质赋予模型，效果如图 10-49 所示。

图 10-49

4．蓝色文字材质

创建一个材质，设置颜色为"蓝色"，如图 10-50 所示。

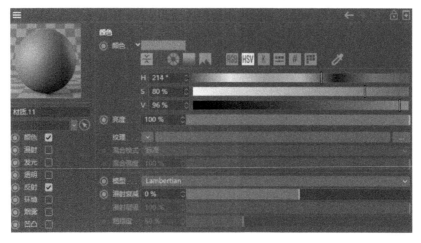

图 10-50

5．金属材质

创建一个材质，设置"反射"选项，如图 10-51 所示。

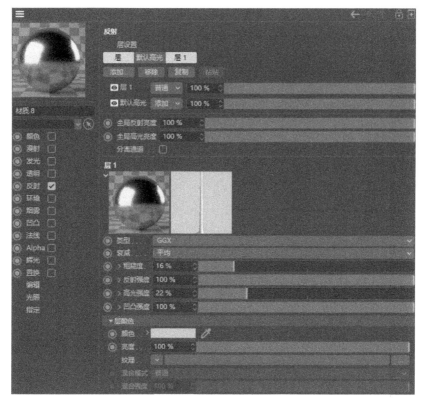

图 10-51

6．白色文字材质

创建一个材质，设置颜色为"白色"，如图 10-52 所示。

图 10-52

7．渐变材质

具体操作步骤如下：

Step 01 创建一个材质，打开材质编辑器，在"颜色"选项下，"纹理"添加"渐变"，设置渐变的颜色，如图 10-53 所示。

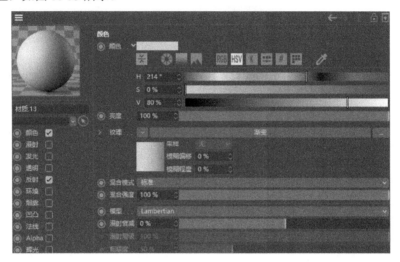

图 10-53

Step 02 将材质赋予模型，效果如图 10-54 所示。

图 10-54

Step 03 在"对象"面板中选择这个模型对象的"材质标签"，打开"属性"面板，"投射"选择"平直"，如图 10-55 所示。

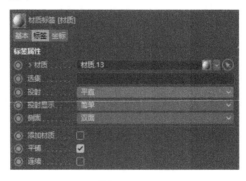

图 10-55

Step 04 在编辑模式工具栏中单击"纹理"按钮，如图 10-56 所示。

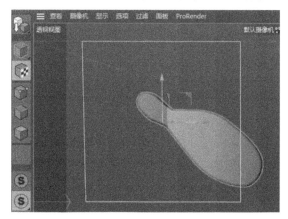

图 10-56

Step 05 选择"缩放"工具，缩放纹理；再结合移动工具，移动渐变纹理到合适的位置，如图 10-57 所示。

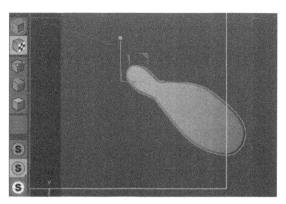

图 10-57

Step 06 场景中类似模型的材质都采用这种方法进行调整，如图 10-58 所示。

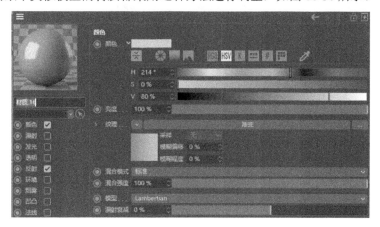

图 10-58

8．球体的材质

具体操作步骤如下：

Step 01 在"材质"面板中双击创建一个材质，打开材质编辑器，在"颜色"选项下，"纹理"添加"渐变"，如图 10-59 所示。

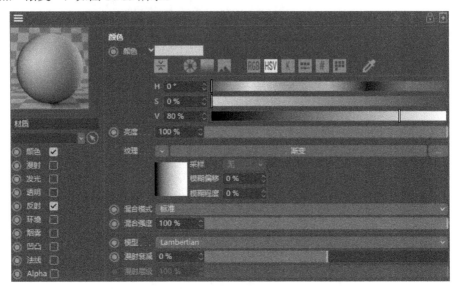

图 10-59

Step 02 调整渐变的颜色，从紫色到白色，如图 10-60 所示。

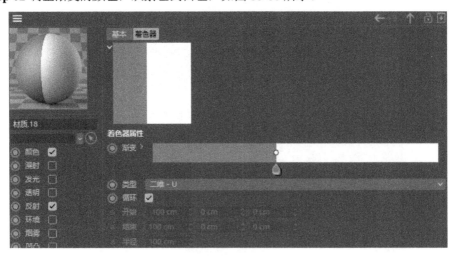

图 10-60

Step 03 将材质赋予模型。选择模型对象的"材质标签"，打开"属性"面板，调整"投射"为"平直"，平铺设置为 10，这样可以让这个形状进行重复平铺，如图 10-61 所示。

图 10-61

Step 04 在编辑模式工具栏中单击"纹理"按钮，通过旋转和缩放工具调整贴图，如图 10-62 所示。

图 10-62

Step 05 将材质赋予模型，效果如图 10-63 所示。

图 10-63

10.3 渲染场景

本节讲解渲染场景，主要操作包括：给场景添加摄像机，固定摄像机角度，添加灯光和 HDR 文件，设置渲染参数。具体操作步骤如下：

Step 01 创建摄像机，调整摄像机角度。

Step 02 按快捷键 Shift+F8，打开"内容浏览器"面板，选择"HDR 设置"，双击添加到场景中。

Step 03 选择"区域灯光"，双击添加到场景中，如图 10-64 所示。

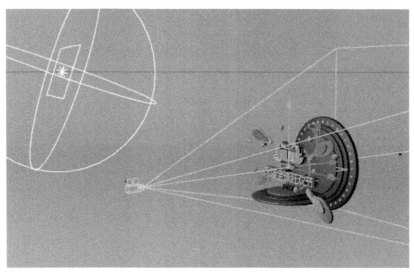

图 10-64

Step 04 单击"编辑渲染设置"按钮，打开"渲染设置"对话框，设置文件的保存位置，如图 10-65 所示。

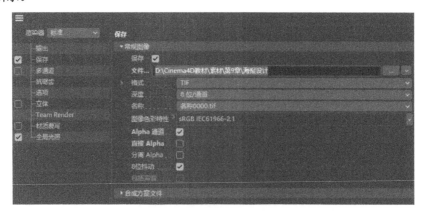

图 10-65

Step 05 单击"效果"按钮，添加"全局光照"，设置全局光照的参数，如图 10-66 所示。

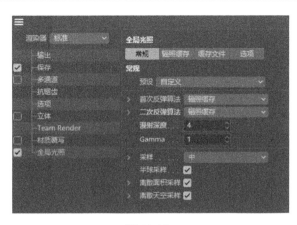

图 10-66

Step 06 设置"辐照缓存"参数，如图 10-67 所示。

图 10-67

Step 07 单击"渲染"按钮，渲染后的效果如图 10-68 所示。

图 10-68

(10.4) 合成修图

本节讲解将 Cinema 4D 渲染好的文件导入 Photoshop 中进行合成。具体操作步骤如下：

Step 01 打开 Photoshop，打开渲染好的海报文件，如图 10-69 所示。

图 10-69

Step 02 打开"通道"面板，选择最下面的"Alpha"通道，按快捷键 Ctrl+A 全选，再按快捷键 Ctrl+C 进行复制，如图 10-70 所示。

图 10-70

Step 03 返回"图层"面板，选择图层，单击"添加矢量蒙版"按钮，创建蒙版，如图 10-71 所示。

图 10-71

Step 04 按 Alt 键选择蒙版，在蒙版上按快捷键 Ctrl+V 进行粘贴，即可在蒙版上粘贴 Alpha 通道；再按 Alt 键单击蒙版，返回"图层"面板，如图 10-72 所示。

图 10-72

Step 05 单击"创建新的填充和调整图层"按钮，选择"渐变"图层，如图 10-73 所示。

图 10-73

Step 06 调整渐变的颜色，缩放至合适的大小，"样式"设置为"径向"，如图 10-74 所示。

图 10-74

Step 07 选择海报图层，按快捷键 Ctrl+J 复制一个图层；选择"滤镜"→"模糊"→"径向模糊"命令，给图层添加径向模糊效果，参数设置如图 10-75 所示。

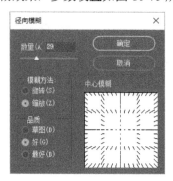

图 10-75

Step 08 径向模糊后的海报效果如图 10-76 所示。

图 10-76

Step 09 降低径向模糊图层的透明度。

Step 10 选择海报图层，单击鼠标右键转换为智能对象；创建图层蒙版，选择画笔工具，设置颜色为"黑色"，在蒙版上进行绘制，这样可以降低部分地方的亮度，效果如图 10-77 所示。

图 10-77

Step 11 添加曲线图层，调整曲线的形状，如图 10-78 所示。

图 10-78

Step 12 选择"渐变工具"，按 Alt 键打开渐变图层蒙版，在曲线图层蒙版上拖动径向渐变效果，如图 10-79 所示。

图 10-79

Step 13 曲线图层调整后的效果如图 10-80 所示。

图 10-80

反侵权盗版声明

　　电子工业出版社依法对本作品享有专有出版权。任何未经权利人书面许可，复制、销售或通过信息网络传播本作品的行为；歪曲、篡改、剽窃本作品的行为，均违反《中华人民共和国著作权法》，其行为人应承担相应的民事责任和行政责任，构成犯罪的，将被依法追究刑事责任。

　　为了维护市场秩序，保护权利人的合法权益，我社将依法查处和打击侵权盗版的单位和个人。欢迎社会各界人士积极举报侵权盗版行为，本社将奖励举报有功人员，并保证举报人的信息不被泄露。

举报电话：（010）88254396；（010）88258888

传　　真（010）88254397

E-mail：　dbqq@phei.com.cn

通信地址：北京市万寿路 173 信箱

　　　　　电子工业出版社总编办公室

邮　　编：100036